中国科协碳达峰碳中和系列丛书　　　　　中国科学技术协会　丛书主编

清洁能源与智慧能源

导论

刘吉臻 ◎ 主编

王　鹏　高　峰 ◎ 执行主编

中国科学技术出版社

·北　京·

图书在版编目（CIP）数据

清洁能源与智慧能源导论 / 刘吉臻主编；王鹏，高峰执行主编 .
-- 北京：中国科学技术出版社，2022.5（2024.5 重印）
（中国科协碳达峰碳中和系列丛书）
ISBN 978-7-5046-9551-2

I . ①清… Ⅱ . ①刘… ②王… ③高… Ⅲ . ①无污染
能源 ②智能技术－应用－能源 Ⅳ . ① X382 ② TK-39

中国版本图书馆 CIP 数据核字（2022）第 059515 号

责任编辑	李双北	
封面设计	中文天地	
正文设计	中文天地	
责任校对	邓雪梅	
责任印制	徐　飞	

出　　版	中国科学技术出版社	
发　　行	中国科学技术出版社有限公司销售中心	
地　　址	北京市海淀区中关村南大街 16 号	
邮　　编	100081	
发行电话	010-62173865	
传　　真	010-62173081	
网　　址	http://www.cspbooks.com.cn	

开　　本	787mm×1092mm　1/16	
字　　数	196 千字	
印　　张	10.5	
版　　次	2022 年 5 月第 1 版	
印　　次	2024 年 5 月第 2 次印刷	
印　　刷	北京长宁印刷有限公司	
书　　号	ISBN 978-7-5046-9551-2 / X · 146	
定　　价	59.00 元	

"中国科协碳达峰碳中和系列丛书"
编 委 会

《清洁能源与智慧能源导论》
编 写 组

组　　长

史玉波　　中国能源研究会理事长，教授级高级工程师

成　　员（按姓氏笔画排序）

王成山　　中国工程院院士，天津大学教授

王仲颖　　国家发展改革委能源研究所所长

刘吉臻　　中国工程院院士，华北电力大学原校长

孙正运　　中国能源研究会副理事长兼秘书长

杜祥琬　　中国工程院院士，国家能源咨询专家委员会副主任

何雅玲　　中国科学院院士，西安交通大学教授

金之钧　　中国科学院院士，北京大学能源研究院院长

周孝信　　中国科学院院士，中国电力科学研究院名誉院长

彭苏萍　　中国工程院院士，中国矿业大学（北京）教授

主　　编

刘吉臻　　中国工程院院士，华北电力大学原校长

执行主编

王　鹏　　华北电力大学国家能源发展战略研究院执行院长，教授

高　峰　　清华大学能源互联网创新研究院副院长，特聘研究员

写作组主要成员

陈艳波　曾　博　王伟胜　石文辉　白　宏　赵勇强　安　琪
解力也　王永真　夏　越　金宇飞　刘建平　詹　晶　杜效鹄
苏　罡　丛宏斌　何雨江　王洪建　于筱涵　施泽邦　申炜杰
董厚琦　刘志慧　吴适存　孙雪婷　徐丽娟

总　序

进入新时代，中国政府矢志不渝地坚持创新驱动、生态优先、绿色低碳的发展导向。2020年9月，习近平主席在第七十五届联合国大会上郑重宣布，中国"二氧化碳排放力争于2030年前达到峰值，努力争取2060年前实现碳中和"。年初，习近平主席在2022年世界经济论坛视频会议上进一步明确，"实现碳达峰碳中和是中国高质量发展的内在要求，也是中国对国际社会的庄严承诺"。

"双碳"战略是以习近平同志为核心的党中央统筹国内国际两个大局作出的重大决策，是我国破解资源环境约束、实现可持续发展的迫切需要，是顺应技术进步趋势、推动经济结构转型升级的迫切需要，是满足人民群众对优美生态环境需求、促进人与自然和谐共生的迫切需要，也是主动担当大国责任、推动构建人类命运共同体的迫切需要。"双碳"战略事关全局、内涵丰富，必将引发一场广泛而深刻的经济社会系统性变革。

为全面落实党中央、国务院关于"双碳"战略的有关部署，充分发挥科协系统的人才、组织优势，助力相关学科建设和人才培养，服务经济社会高质量发展，中国科协组织相关全国学会，组建了由各行业、各领域院士专家参与的编委会，以及由相关领域一线科研教育专家和编辑出版工作者组成的编写团队，编撰"双碳"系列丛书。丛书将服务于高等院校教师和相关领域科技工作者教育培训，并为"双碳"战略的政策制定、科技创新和产业发展提供参考。

"双碳"系列丛书内容涵盖了全球气候变化、能源、交通、钢铁与有色金属、石化与化工、建筑建材、碳汇与碳中和等多个科技领域和产业门类，对实现"双碳"目标的技术创新和产业应用进行了系统介绍，分析了各行业面临的重大任务和严峻挑战，设计了实现"双碳"目标的战略路径和技术路线，展望了关键技术的发展趋势和应用前景，并提出了相应政策建议。丛书充分展示了各领域关于"双碳"研究的最新成果和前沿进展，凝结了院士专家和广大科技工作者的智慧，具有较高的战略性、前瞻性、权威性、系统性、学术性和科普性。

　　本世纪以来，以脱碳加氢为代表的能源动力转型方向和技术变革路径更加明确。电力和氢能作为众多一次能源转化、传输与融合交互的能源载体，具有来源多样化、驱动高效率和运行零排放的技术特征。由电力和氢能驱动的动力系统，不受地域资源限制，也不随化石燃料价格起伏，有利于维护能源安全、保护大气环境、推动产业转型升级，正在全球能源动力体系中发挥越来越重要的作用，获得社会各界的共识。本次首批出版的《新型电力系统导论》《清洁能源与智慧能源导论》《煤炭清洁低碳转型导论》3 本图书分别邀请中国工程院院士舒印彪、刘吉臻、彭苏萍担任主编，由中国电机工程学会、中国能源研究会、中国煤炭学会牵头组织编写，系统总结了相关领域的创新、探索和实践，呼应了"双碳"的战略要求。参与编写的各位院士专家以科学家一以贯之的严谨治学之风，深入研究落实"双碳"目标实现过程中面临的新形势与新挑战，客观分析不同技术观点与技术路线。在此，衷心感谢为图书组织编撰工作作出贡献的院士专家、科研人员和编辑工作者。

　　期待"双碳"系列丛书的编撰、发布和应用，能够助力"双碳"人才培养，引领广大科技工作者协力推动绿色低碳重大科技创新和推广应用，为实施人才强国战略、实现"双碳"目标、全面建设社会主义现代化国家作出贡献。

中国科协主席　万　钢

2022 年 5 月

前　言

　　能源是人类文明进步的重要物质基础和动力，攸关国计民生和国家安全。当今世界，百年未有之大变局加速演进，新一轮科技革命和产业变革深入发展，全球气候治理呈现新局面，新能源和信息技术紧密融合，生产生活方式加快转向低碳化、智能化，能源体系和发展模式正在进入清洁能源主导的崭新阶段。

　　从人类文明形态的演进及其与能源形式更替关系的视角来看，进入生态文明发展阶段，主要的能源形式必然是清洁能源，能源利用进步的标志就是利用现代信息通信技术打造智慧能源。清洁能源和智慧能源是能源绿色低碳转型的重要战略方向。推动能源绿色低碳转型是保障国家能源安全，力争如期实现碳达峰碳中和的内在要求，也是推动实现经济社会高质量发展的重要支撑。

　　为全面落实党中央、国务院关于碳达峰碳中和工作有关部署和习近平总书记在中央人才工作会议上的重要讲话精神，在中国科学技术协会的部署下，中国能源研究会组织编写"中国科协碳达峰碳中和系列丛书"之《清洁能源与智慧能源导论》，助力高等学校"双碳"领域师资培训和人才培养工作。

　　全书共分7章。第1章介绍能源的相关概念，在分析人类文明与能源技术进步关系的基础上，指出清洁能源和智慧能源是生态文明下的能源发展方向。第2章介绍清洁能源和智慧能源的发展现状以及相关法规政策。第3章介绍清洁能源的开发利用技术，包括太阳能（光伏、光热）、风能、水能、核能、生物质能、地热能以及氢能。第4章介绍清洁能源的关键支撑技术，包括新型电力系统、综合能源系统、储能以及碳捕集、利用与封存。第5章介绍智慧能源的关键支撑技术，包括柔性装备技术、物联传感技术、数字赋能技术和数字化提升技术。第6章介绍清洁能源与智慧能源典范工程，选取了国内外具有代表性的典型工程。第7章就清洁能源与智慧能源的机遇和挑战予以展望。

　　本书由中国工程院院士、华北电力大学原校长、发电厂自动化技术专家刘吉臻主编，华北电力大学王鹏教授、清华大学高峰研究员统筹策划。第1章由王鹏、于筱涵、刘建平编写；第 2 章由王伟胜、石文辉、白宏、陈艳波、孙雪婷、王鹏、施泽邦编写；第 3 章由王伟胜、石文辉统筹，詹晶、白宏、杜效鹄、苏罡、丛宏斌、何雨江、王洪建编写；第 4 章由曾博、申炜杰编写；第 5 章由陈艳波、刘志慧、吴适存编写；第 6 章由曾博、董厚琦、高峰、夏越、金宇飞、徐丽娟编写；第 7 章由赵勇强、安琪、高峰、解力也、王永真编写。华北电力大学的李伟康、王文诗、范小克、周吟雨、刘一贤、张常昊、蔡丹婷、张云霄、李晓雪、白明飞等也参与了部分编写工作。

刘吉臻

2022 年 5 月

目　录

第1章　概　述

本章介绍能源的基本概念和分类方式，分析在人类文明演进中能源技术进步起到的重要作用，指出大力发展清洁能源与智慧能源是新时代的要求，是生态文明指引下的未来能源发展的战略方向。

1.1　能源的相关概念

1.1.1　能、能量、能源

在物理学中，一个物体能够对外做功，则称这个物体具有能，或说这个物体有做功的能力。能是一个动态的概念，物质的不同运动形式对应着不同形式的能，不同形式的能之间可以相互转化。

关于能的分类在学术界还存在争议。从人类开发利用的顺序来看，可以划分为以下几种主要类型：辐射能、机械能、化学能、分子能、电磁能和原子能。随着科学技术的发展，人类可能会发现更多形式的能，因此以上划分可能还会发生变化。

辐射能是人类最早利用的能的形式，太阳光的辐射就是其中最常见和最重要的一种类型。机械能也是人类较早利用的能的形式之一，与物体的机械运动情况及相对位置有关；机械能是动能和势能的总称，动能是物体由于运动而具有的能，由质量与速度决定；势能是物体由于具有做功的形势而具有的能，包括重力势能和弹性势能。化学能是物体经由化学反应所释放的能，存在于各种物质之中，不能直接用来做功，只有在发生化学变化时才释放出来，转化为其他形式的能。分子能也称内能，指物体内部所有的分子做无规则运动（也称热运动）的动能和分子相互作用的势能之和。电磁能指电磁场所具有的能，是电场能与磁场能的总和。原子能也称核能，是原子核中的中子或质子重新分配时释放出来的能，分为核裂变能与核聚变能。

为了对能的大小进行度量，需要使用能量这一概念。不同形式的能，需要采用不同的度量单位。热能的计量通常采用卡路里 C（Calorie）、焦耳 J（Joule）或英制热量单位 E（BTU）。电能计量一般采用瓦·时（W·h）、千瓦·时（kW·h）、兆瓦·时（MW·h）、吉瓦·时（GW·h）、太瓦·时（TW·h），它们之间是千进位关系。由于电能的使用十分普遍，且与其他形式的能相互转换十分便利，所以国际上为了规范统一能的计量，目前主要采用电能计量中的兆瓦·时或千瓦·时。在宏观经济中，国际上通常采用标准油当量或标准煤当量来计量，1 吨标准煤当量＝0.7 吨标准油当量。1 吨标准油当量相当于 1 千万千卡、418.4 亿焦耳、3965 万英制热量单位，或 11.6 兆瓦·时的电量。在现实生活中，能和能量两个概念没有必要严格区分，甚至学术用语中几乎把二者视为等同的概念。

在追溯能的来源时就出现了能源这一概念。能的初始来源主要有三种：一是来自地球外部天体的能量，主要是太阳能；二是来自地球本身蕴藏的能量，如地热能、原子能等；三是来自地球和其他天体相互作用而产生的能量，如潮汐能等。进入现代以来，能源的概念逐渐从能的来源演变成产生能的原料和资源。按照《能源百科全书》中的定义，"能源是可以直接或经转换提供人类所需的光、热、动力等任一形式能量的载能体资源"。

1.1.2 能源的形式分类

能源呈现多种具体形式，也有不同的分类标准。

按转化与否，可分为一次能源和二次能源。自然界现成存在，并可直接取得而不改变其基本形态的能源，称为一次能源，如煤炭、石油、天然气、水能、生物质能、地热能、风能和太阳能等。由一次能源经过加工而转换成另一种形式的能源产品，称为二次能源，如电力、蒸汽、焦炭、煤气以及各种石油制品等。在生产过程中排出的余热或余能，如高温烟气、可燃废气、废蒸汽和有压流体等也属于二次能源。一次能源无论经过几次转换所得到的另一种能源，一般都称为二次能源。

按再生与否，可分为再生能源和非再生能源。对一次能源可以进一步分类，其中凡是可以不断得到补充或能在较短周期内再产生的能源，称为再生能源或可再生能源，反之称为非再生能源或非可再生能源。风能、水能、海洋能、潮汐能、太阳能和生物质能等是再生能源；经过千百万年时间积累形成的、短期内无法恢复的能源，如煤炭、石油和天然气等是非再生能源。地热能本属于非再生能源，但从地球内部巨大的蕴藏量来看，又具有再生的性质。

按普及与否，可分为常规能源和新型能源。在现阶段已经大规模生产和广泛使用的能源称为常规能源，也称传统能源，包括一次能源中可再生的水能资源和不可再生的煤炭、石油、天然气等资源。新型能源也称新能源，是相对于常规能源而言尚未大规模普及的能源，包括太阳能、风能、地热能、海洋能、生物质能以及核能等。常规能源和新型能源是相对概念，现在的常规能源过去也曾是新型能源，而今天的新型能源将来也可能会成为常规能源。19 世纪初，蒸汽机刚开始使用时，煤炭就是当时的新型能源；19 世纪末，内燃机发明时，石油就是当时的新型能源；20 世纪 50 年代，核能刚被利用时，也被称为新型能源，而随着科学技术的进步，现在世界上很多国家正在建造核电站，许多发达国家已经把核能看成是常规能源了，但在发展中国家，它仍是新型能源。

按是否为化石，可分为化石能源和非化石能源。化石能源由古代生物的化石沉积而来，如煤炭、石油和天然气等。科学家推断它们是千百万年前靠近海岸的微生物或动植物残骸大量淤积在海底，后来经过地壳的变动逐渐被埋藏在地下，再经过细菌的分解及长期在高压、高温的作用下发生化学变化而变成构造复杂的碳氢化合物。除化石能源外的其他能源都是非化石能源，包括水能、太阳能、生物质能、风能、核能、海洋能和地热能等。

按是否为商品，可分为商品能源和非商品能源。凡进入能源市场作为商品销售的均为商品能源，如煤炭、石油、天然气和电力等。反之则是非商品能源，如薪柴和秸秆等农作物残余。

按可燃与否，可分为燃料能源和非燃料能源。作为燃料使用，主要提供热能的称之为燃料能源，如泥炭和木材等。与之相对的称为非燃料能源，如水能、风能、地热能和海洋能等。

1.1.3 清洁能源与智慧能源

清洁能源是指在利用中不产生污染或污染极小的能源，反之则称为非清洁能源。一般认为，太阳能、风能、水能、生物质能、地热能等可再生一次能源，电能、氢能等二次能源，属于清洁能源；核能、天然气往往归为清洁能源。煤炭、石油属于非清洁能源。不过，煤炭、石油领域近年来也一直在推动清洁化利用——以提高利用效率和减少环境污染为宗旨的生产、加工、燃烧、转化及有害物质排放控制（有关天然气、煤炭、石油的清洁化利用内容，详见本丛书《煤炭清洁低碳转型导论》）。

智慧能源不是能源品种的分类，而是指以满足用户侧用能需求为主要驱动力，以提高能效、降低成本为目的，通过充分利用"云、大、物、移、智、链"等新技术，促进能源生产和需求的有效匹配，实现横向多能互补、纵向源网荷储高效互动，具有全面感知、全面互联、全面智能、全面共享等功能的新型智慧生态能源系统。

1.2 人类文明与能源技术进步

1.2.1 人类历史演进中能源技术不断发展

火是物质燃烧过程中散发出光和热的现象，是能量释放的一种方式。发现并使用火是人类历史上的伟大突破。人类的采猎文明时期从距今约 300 万年前一直持续到 1.2 万年前，比之后任何一个文明时期都漫长得多。以柴薪为基础的火是这段时期最重要的能源利用形式。经过火"烹煮"的食物能缩短消化时间，促进人类大脑的发育，由此解放的生产力也使人类有条件开始种植植物、驯化动物、征服和利用更高级别的能源，开启了从距今 1.2 万年前持续到公元 1500 年的人类农耕文明。

风是空气流动形成的一种自然现象，由太阳辐射热引起。古代的人类很早就发明了风车这种不需要燃料、单纯以风为能源的动力机械，风能通过风车桨轮的转动转化为动能。2000 多年前，中国、古巴比伦、波斯等地就已经开始利用风车提水灌溉、碾磨谷物。风车后来在欧洲迅速发展，除了提水灌溉、碾磨谷物以外，还用来供暖、制冷、航运和发电等。荷兰更是被誉为"风车之国"，风车成为这个国家的象征。

河流是指降水或由地下涌出地表的水汇集在地面低洼处，在重力作用下经常地或周期地沿流水本身造成的洼地流动。水车或水力磨坊能够利用水流的机械能（势能与动能）推动水车轮或者涡轮来驱动机械，研磨面粉、切割木材或生产纺织品等，最早可能出现在公元前 3 世纪的希腊，希腊人斐罗在约公元前 2 世纪对此已有描述。中国汉代就开始利用水车促进谷物种植与加工。

风车、水车以及帆船是人类与大自然和谐相处的产物，使我们得以巧妙地利用大自然的风力和水力作为动力而没有污染之患、耗尽之虞。然而，水所能提供的能量会随着不同年份和季节不断变化，风力更是时有时无、飘忽不定。人类必须继续寻找和驯化更高效、更稳定的能源，以推动文明加快向前。

煤炭是远古的植物埋藏在地下，在经历了复杂的化学变化后逐渐形成的固体可燃性矿物。我国是世界上最早利用煤的国家。在辽宁省新乐古文化遗址中，就发现有煤制工艺品，河南巩义市也发现有西汉时用煤饼炼铁的遗址。我国宋代时期，每年从天然森林及农业废弃物中实际获取的生物质燃料量为 0.522 亿~0.623亿吨标准煤，可满足 1.59 亿~1.89 亿人口的能源消费，这是宋代人口高峰（1 亿人口）数量的 1.6~1.9 倍。但是受燃料生产、运输成本等因素的制约，生物质燃料与社会的可持续发展不相适应，于是以华北为中心爆发了"燃料革命"，燃料结构由以传统燃料为主向以煤炭为主转变。这些在日本学者宫崎市定发表的《宋代的煤和铁》以及后续文献中都有讨论，北宋画家张择端的《清明上河图》中也有展示。

煤炭替代柴薪成为生产的主要动力，在于其与蒸汽机的完美配合。约 1679 年，法国物理学家丹尼斯·帕潘在观察到蒸汽逃离高压锅后制造了第一台蒸汽机的工作模型。随后的 1698 年和 1712 年，托马斯·塞维利和托马斯·纽克曼分别制造了早期的工业蒸汽机。1769 年，英国发明家詹姆斯·瓦特获得蒸汽机的英国专利，并在 1776 年制造出了第一台具有实用价值的蒸汽机。尽管瓦特蒸汽机每单位重量煤炭所产生的动力是最新式纽克曼蒸汽机的三倍，但仍然需要消耗大量煤炭，且蒸汽机体积庞大笨重。18 世纪与 19 世纪之交，在瓦特的专利过期后，各式各样的蒸汽机的改良与应用技术如雨后春笋般涌现。蒸汽动力的出现极大地促进了工业发展，大幅提高了货物运输效率，促进了人口流动，使全球权力与影响力重新洗牌，全球霸权中心转移。

石油是一种黏稠的深褐色液体，储存于地壳上层部分地区。与煤炭相比，石油的能量密度大约高出 50%，且液态更容易包装、储存与输送。与 1830 年的蒸汽机相比，1900 年的动力蒸汽机的运转效率提高了四倍。1876 年，德国发明家奥托成功创制第一台以煤气为燃料的往复活塞式单缸卧式四冲程内燃机；1883 年，德国的戴姆勒成功创制第一台立式汽油内燃机。石油和内燃机的精妙配合，产生了更加高效的能量，迅速得到了人们的青睐。

电是一种自然现象，指静止或移动的电荷所产生的物理现象。1820 年，H.C. 奥斯特发现电流磁效应；1831 年，法拉第首次发现电磁感应现象，进而得到产生交流电的方法，并于同年研制出世界上第一台发电机——圆盘式发电机。这台发电机是以手动方式旋转磁铁两端之间的线圈回路而获得电力，因此第一次发电的动力来源是肌力。发电机将燃机、水车、风车的机械能转化为电能，电能又可以在电动马达上转化为动能，用于需要转动的设备，如交通工具、纺织机器等。电能极易输送、应用广泛。在 19 世纪的最后几年里，西方文明迅速进入电气化时代。

信息是社会活动的重要媒介。电磁现象发现后的 1837 年，美国的莫尔斯利用电磁原理成功研制有线电报。1876 年，亚历山大·格拉汉姆·贝尔发明了电话，使通信进入一个革命的时代。1896 年，意大利的马可尼在英国获得了无线电发明专利，并于第二年在英国西海岸成功进行了无线电跨海通信实验。无线电技术的远距离通信，使地球上不同区域之间的信息交流大为便捷，推动了信息时代的进程。1945 年，第一部电子计算机投入使用，自此电子信息业突飞猛进发展。

1.2.2 文明形态与能源更替紧密关联

文明用来描述社会进步的过程和程度，反映人类社会演进的状态和发展趋势，与野蛮相对应。人类在漫长的历史演变中，经历了远古的采猎文明、古代的农耕文明、近代的工业文明以及现代的信息文明四个发展阶段，未来将走向生态文明。文明前行离不开能源动力，能源动力离不开能源技术。从某种程度上讲，人类文明的历史就是能源的技术进步和形式更替的历史（表 1.1）。

表 1.1　人类不同发展阶段的能源利用形式

发展阶段	时间	能源利用进步标志	主要能源形式
采猎文明	约 300 万年前至 1.2 万年前	使用火	柴薪
农耕文明	约 1.2 万年前至公元 1500 年	役使牲畜、使用风车与水车	畜力、风力、水力
工业文明	公元 1500 年至公元 1945 年	使用蒸汽机与内燃机	煤炭
信息文明	公元 1945 年至今	使用发电机	电力、石油、煤炭、天然气
生态文明	未来	广泛使用智慧能源	清洁能源

在采猎文明时期，人类发现并利用了火，使柴薪、秸秆等天然生物质燃料成为主要的能源。

在农耕文明时期，人类开始尝试"驯化"自然，畜力、风力、水力渐渐成为获得能源的重要方式。这一时期，落后的生产技术水平使得人类对能源的需求并不迫切。

随着生产剩余进一步增多、社会分工日趋细化，商品交换活动频繁，贸易的范围逐步扩大，人类迫切需要强大的能源动力。先是煤炭的发现和利用，加快了人类前行的步伐；18 世纪蒸汽机的发明，开启了第一次工业革命；19 世纪，效率更高、体积更小、功率更大、更洁净的内燃机出现，人类进入以燃油为主体燃料的时代。

19 世纪以来，电磁感应定律的发现，为发电机、电动机以及变压器、电站、低压电网和超高压电网等一系列技术装备的发明及广泛应用提供了条件，迎来了电磁动力新时代，开启了第二次工业革命。随着计算机、通信、微电子、光电、新材料、传感、超导等新型技术的发展和广泛应用，人类踏进了崭新的信息文明阶段，这一时期主要使用的能源仍然是石油、煤炭、天然气等一次能源和电力等二次能源。

探寻人类文明演进与能源动力形式更替的历史，我们可以发现，人类文明不断向更高阶段演进和发展的同时，能源动力也不断向更高形式改进和更替，能源动力与人类文明互相促进、互为条件。能源更替推动文明前行，文明前行又拉动能源更替。

1.3　生态文明下的能源发展方向

1.3.1　中国能源发展取得长足进步

1949年初，我国能源生产力不足、水平不高。20世纪50年代至70年代，能源发展得到重视。从"一五"计划至"五五"计划，国家对电力、煤矿、石油等能源工业发展作出了具体部署，同时提出节约使用电力、煤炭、石油等。改革开放以来，在不断加强能源资源开发和基础设施建设的基础上，我国更加注重能源发展质量和效率，从"六五"计划到"十五"计划，逐步提出提高经济效益和能源效率，坚持节约与开发并举，把节约放在首位，优化能源结构，积极发展新能源，推动能源技术发展，提高能源利用效率。进入21世纪后，面对资源制约日益加剧、生态环境约束凸显的突出问题，我国坚持节约资源和保护环境的基本国策，积极转变经济发展方式，不断加大节能力度，将单位GDP能耗指标作为约束性指标连续写入"十一五"以来的国民经济和社会发展五年规划纲要中。

2014年，习近平总书记提出"四个革命、一个合作"能源安全新战略，为新时代中国能源发展指明了方向，开辟了中国特色能源发展新道路。中国坚持"创新、协调、绿色、开放、共享"的新发展理念，以推动高质量发展为主题，以深化供给侧结构性改革为主线，全面推进能源消费方式变革，构建多元清洁的能源供应体系，实施创新驱动发展战略，不断深化能源体制改革，持续推进能源领域国际合作，中国能源进入高质量发展新阶段。

1949年，我国能源生产总量仅为0.2亿吨标准煤。经过70年的快速发展，我国能源生产逐步由弱到强，生产能力和水平大幅提升，一跃成为世界能源生产第一大国，基本形成了煤、油、气、可再生能源多轮驱动的能源生产体系，充分发挥了坚实有力的基础性保障作用。2021年，能源生产总量达43.3亿吨标准煤；全年规模以上工业原煤产量40.7亿吨，规模以上工业原油产量19898万吨，天然气产量2053亿立方米，原油加工量突破7亿吨。能源消费方面，2021年，受能耗双控和坚决遏制"两高"项目盲目发展政策、同期基数抬升等因素影响，全年能源消费总量为52.4亿吨标准煤；能源消费结构持续优化，2021年天然气、水电、核电、风电、太阳能发电等清洁能源消费占能源消费总量比重比上年提高1.2个百分点，煤炭消费所占比重下降0.9个百分点。

也应看到，伴随经济快速发展跃升，国际地位不断走强，发展模式受到质疑，我国能源发展良好形势面临严峻挑战。西方大国奉行单边主义和保护主义，打破国际市场按规则开展竞争与合作的传统模式；油气大国博弈加剧、市场充满不确定性。世界正处在百年未有之大变局中。在国际能源供需总体宽松形势下，我国油气对外依存度居高不下，能源转型有待时日，能源问题复杂、矛盾凸显，安全问题突出。

1.3.2　习近平生态文明思想是行动指南

党的"十八大"以来，以习近平同志为核心的党中央高度重视生态文明建设，提出一系列新理念、新思想、新战略、新要求。习近平总书记传承中华民族传统文化、顺应时代潮流和人民意愿，站在坚持和发展中国特色社会主义、实现中华民族伟大复兴中国梦的战略高度，深刻回答了为什么建设生态文明、建设什么样的生态文明、怎样建设生态文明等重大理论和实践问题，系统形成了习近平生态文明思想，有力指导生态文明建设和生态环境保护取得历史性成就、发生历史性变革。

坚持生态兴则文明兴。建设生态文明是关系中华民族永续发展的根本大计，功在当代、利在千秋，关系人民福祉，关乎民族未来。

坚持人与自然和谐共生。保护自然就是保护人类，建设生态文明就是造福人类。必须尊重自然、顺应自然、保护自然，像保护眼睛一样保护生态环境，像对待生命一样对待生态环境，推动形成人与自然和谐发展现代化建设新格局，还自然以宁静、和谐、美丽。

坚持"绿水青山就是金山银山"。绿水青山既是自然财富、生态财富，又是社会财富、经济财富。保护生态环境就是保护生产力，改善生态环境就是发展生产力。必须坚持和贯彻绿色发展理念，平衡和处理好发展与保护的关系，推动形成绿色发展方式和生活方式，坚定不移走生产发展、生活富裕、生态良好的文明发展道路。

坚持良好生态环境是最普惠的民生福祉。生态文明建设同每个人息息相关。环境就是民生，青山就是美丽，蓝天也是幸福。必须坚持以人民为中心，重点解决损害群众健康的突出环境问题，提供更多优质生态产品。

坚持山水林田湖草是生命共同体。生态环境是统一的有机整体。必须按照系统工程的思路，构建生态环境治理体系，着力扩大环境容量和生态空间，全方位、全地域、全过程开展生态环境保护。

坚持用最严格制度、最严密法治保护生态环境。保护生态环境必须依靠制度、依靠法治。必须构建产权清晰、多元参与、激励约束并重、系统完整的生态文明制度体系，让制度成为刚性约束和不可触碰的高压线。

坚持建设美丽中国全民行动。美丽中国是人民群众共同参与、共同建设、共同享有的事业。必须加强生态文明宣传教育，牢固树立生态文明价值观念和行为准则，把建设美丽中国化为全民自觉行动。

坚持共谋全球生态文明建设。生态文明建设是构建人类命运共同体的重要内容。必须同舟共济、共同努力，构筑尊崇自然、绿色发展的生态体系，推动全球生态环境治理，建设清洁美丽世界。

习近平生态文明思想深刻诠释了经济社会发展与生态环境保护的辩证关系，是新时代建设生态文明和美丽中国的重要理论指南，是习近平新时代中国特色社会主义思想的重要组成部分。

近年来，国家就能源发展的目标和方向问题，提出若干重要论述，包括"四个革命、一个合作"能源安全新战略，构建清洁低碳、安全高效的现代能源体系，实现能源治理能力与治理体系现代化，能源的饭碗必须端在自己手里，建设能源强国，等等。

1.3.3 清洁智慧能源是生态文明指引下的能源战略方向

贯彻习近平生态文明思想，牢固树立和落实"创新、协调、绿色、开放、共享"的发展理念，遵循能源发展"四个革命、一个合作"能源安全新战略，深入推进能源革命，建设清洁低碳、安全高效的现代能源体系，是能源科学发展赋予我们的历史使命。形成人与自然和谐的能源发展新格局，使全体人民在共建共享发展中有更多获得感，有五点新认识。

一是能源体系构建要把能源安全摆在突出位置。明确安全是底线和红线，利于国家总体安全观在能源领域的落实；强调面对现代能源地缘政治和我国居高不下的油气对外依存度，把握能源安全主动权，才能把握住发展权。

二是将节能提效上升为国家级能源战略。能效是第一能源，要将节能提效作为能源高质量发展的牛鼻子，以效率统领能源系统的上下游，以效率平衡多能源品种之间的关系，以效率落实区域协同发展。要将节能提效政策的视野扩大到能源供需的全链条、全生命周期实施管理。

三是把科技创新作为我国能源由大到强转化的核心关键。科技是第一生产力。能源系统的变迁史就是自然科学发展加速工程技术进步、工程技术进步催生一次能源兴替的历史。能源科技是支撑能源发展和转型的必要手段。抢占能源技术领域的制高点，是世界发达国家间科技与经济实力比拼的核心区域，是实现我国能源由大到强转化的关键。

四是把能源体制机制的改革作为能源革命的根本保障。生产关系要适应生产力的发展，要综合运用市场、计划、财税、金融手段，做好微观得失与宏观战略的再平衡，通过技术突破和机制变革实现多种能源协调发展，通过技术和商业模式变革提高能源终端消费的电气化比例。体制机制改革要持之以恒、久久为功。

五是以清洁能源和智慧能源为主导推进能源低碳转型发展。未来中国能源消费仍将增长，基于中国发展阶段和发展环境，应强调"四化"，即化石能源清洁化、清洁能源规模化、多种能源综合化、综合能源智慧化。

化石能源清洁化，就是要推进煤炭由主导能源向基础能源战略转变，形成煤炭清洁高效低碳开发利用技术体系，以煤炭绿色革命替代"革煤炭的命"。实施"稳油增气"战略，保障开放条件下的能源安全。清洁能源规模化，就是要坚持集中式和分布式协同，有序开发"三北"风、光基地优势资源，积极开发中东部、沿海地区的分布式可再生能源，安全高效发展核电，实现清洁能源规模化。多种能源综合化，就是要整合区域内传统化石能源和新能源、一次能源和二次能源，实现多种异质能源子系统之间的协调规划、协同管理、互补互济。综合能源智慧化就是要通过技术和管理模式创新，推动互联网理念、"云大物移智链"先进信息技术与能源产业深度融合，实现横向能源多品种之间、纵向"源－网－荷－储－用"能源供应环节之间的高度协同和完美互动。上述"四化"的核心是清洁和智慧。

回顾人类发展，工业文明带来了全球性的生态危机。特别是 20 世纪末至 21 世纪初，全球性金融危机爆发，在国与国、人与人社会关系矛盾尖锐化的同时，全球性、区域性生态危机的持续暴发和凸显，使人与自然生态关系的矛盾十分尖锐地呈现出来，集中表现为全球性的环境污染、生态系统破坏和资源短缺等综合性、复合性问题。生态文明，是以人与自然、人与人、人与社会和谐共生、良性循环、全面发展、持续繁荣为基本宗旨的社会形态。习近平总书记强调指出，生态文明是人类社会进步的重大成果；生态文明是工业文明发展到一定阶段的产物，是实现人与自然和谐发展的新要求。

从人类文明形态的演进及其与能源形式更替关系视角讲，进入生态文明发展阶段，主要的能源形式必然是清洁能源，能源利用进步的标志也必将是广泛使用智慧能源。清洁能源和智慧能源是能源低碳转型的重要战略方向。大力发展清洁能源和智慧能源，是纵深推进能源革命、保障国家能源安全的重大举措，是加快生态文明建设、实现可持续发展的客观要求，是实现碳达峰碳中和目标、践行应对气候变化自主贡献承诺的主导力量。

放眼"十四五"规划，以及 2030、2050、2060 中长期和远景目标，我们提出能源清洁低碳发展，广泛形成绿色生产生活方式，碳排放达峰后进一步实现碳中和，生态环境根本好转，美丽中国建设目标实现，富强民主文明和谐美丽的社会主义现代化国家将重新屹立在世界东方。

1.4　本章小结

清洁能源是指在利用中不会产生或产生极小污染的能源。太阳能、风能、水能、生物质能、地热能等可再生一次能源，电能、氢能等二次能源，属于清洁能源，核能、天然气归为清洁能源。智慧能源不是能源品种的分类，而是具有全面感知、全面互联、全面智能、全面共享等功能的新型智慧生态能源系统。

人类文明的历史也是能源技术进步和能源形式更替的历史，能源动力与人类文明互相促进、互为条件。贯彻习近平生态文明思想，牢固树立和落实创新、协调、绿色、开放、共享的发展理念，遵循能源发展"四个革命、一个合作"能源安全新战略，深入推进能源革命，建设清洁低碳、安全高效的现代能源体系，是我们的历史使命。社会进入生态文明发展阶段，主要的能源形式必然是清洁能源，能源利用进步的标志就是利用现代信息通信技术打造智慧能源。清洁能源和智慧能源是能源低碳转型的重要战略方向。

参考文献

[1] 国家统计局. 能源发展实现历史巨变　节能降耗唱响时代旋律——新中国成立 70 周年经济社会发展成就系列报告之四 [R/OL]. [2019-07-18]. http://www.stats.gov.cn/tjsj/zxfb/201907/t20190718_1677011.html.

[2] 中共中央，国务院. 关于全面加强生态环境保护　坚决打好污染防治攻坚战的意见 [EB/OL]. [2018-06-16]. http://www.gov.cn/zhengce/2018-06/24/content_5300953.html.

[3] 刘建平，陈少强，刘涛. 智慧能源——我们这一万年 [M]. 北京：中国电力出版社，2013.

[4] 刘吉臻. 能源革命应因地制宜 [EB/OL]. [2020-12-08]. http://www.rmzxb.com.cn/c/2020-12-08/2731793.shtml.

[5] 王鹏. "十四五"应加快现代能源体系构建 [J]. 中国电业，2021（5）：30-33.

[6] 柴国生. 宋代能源结构变迁原因探析 [J]. 中州学刊，2019（5）：123-127.

第2章 发展现状及相关法规政策

本章分析了发展清洁能源的意义，简要阐述太阳能、风能、水能、核能、生物质能、地热能和氢能的发展利用情况。分析了智慧能源的内涵与意义，指出智慧能源发展处于起步阶段，发展模式和思路仍在探索。梳理了当前支持清洁能源与智慧能源发展的法律法规和国家政策。

2.1 清洁能源的发展现状

2.1.1 背景及意义

近年来，温室效应影响加剧，气候变暖问题愈发严重，导致全球自然灾害频发。解决气候变暖需要世界各国共同行动。1995 年起，联合国气候变化大会每年在世界不同地区轮换举行。2015 年 12 月，《巴黎协定》正式签署，其核心目标是将全球平均气温较前工业化时期上升幅度控制在 2℃ 以内，并努力将温度上升幅度控制在 1.5℃ 以内。要实现这一目标，全球温室气体排放需要在 2030 年之前减少一半，在 2050 年左右达到净零排放，即碳中和。为此，很多国家、城市和国际大企业作出了碳中和承诺并展开行动，全球应对气候变化行动取得积极进展。

我国是世界上最大的能源生产国和消费国，我国化石能源资源呈现"富煤、缺油、少气"的特点。我国 51% 的石油用于成品油（汽油、柴油、煤油、燃料油）生产，49% 用于化工生产。2020 年，我国能源消费排放二氧化碳的全球占比超过 30%，碳排放总量大。

对此，党和国家领导人高度重视我国在绿色发展进程中的国际、国内义务。2020 年 9 月 22 日，习近平主席在第 75 届联合国大会上向世界宣布，我国二氧化碳排放力争在 2030 年前达到峰值，努力争取在 2060 年前实现碳中和。相较于欧美从碳达峰到碳中和的 50~70 年过渡期，我国碳中和目标隐含的过渡时长仅为 30

年，时间紧迫。同时，我国经济目前仍处于中高速增长阶段，能源消费需求将在巨大存量上保持较快增长，实现碳达峰碳中和时间紧、任务重、压力大，未来碳减排任务艰巨，面临严峻挑战。

"十三五"末期，我国能源结构中煤炭约占56.8%，然而这些化石燃料的大量使用造成环境污染。我国二氧化碳排放中，与能源相关的排放占比接近90%，其中电力行业二氧化碳排放占比40%左右。能源行业是我国实现碳达峰碳中和目标的主战场，电力行业是实现碳达峰碳中和目标的主力军，降低存量部分碳排放总量，加大清洁能源增量供给是能源电力行业实现"双碳"目标的基本路径，需要不断优化我国产业结构，大幅度减少化石燃料的使用，不断提高清洁能源使用。

以风能、太阳能为代表的新能源不仅是解决气候变化的关键，也创造了大量的经济发展机会，帮助缺乏现代能源服务的数十亿人口获取能源。得益于政策拉动，过去几十年间，尤其是近几年，新能源实现了技术进步、全球安装容量的增加以及成本的快速下降，这不但吸引了巨额投资，并通过规模经济进一步降低了成本。以新能源替代传统化石能源已成为重要的能源发展趋势，我国能源正朝着清洁、高效、低碳、可持续的方向发展。

未来，仍需大力发展以风电、光伏发电为代表的新能源，大幅提高清洁能源在能源生产消费中的结构占比，持续推动能源结构转型以及能源生产和消费的清洁化、低碳化，是实现我国碳达峰碳中和目标的必由之路。

2.1.2 发展现状

截至2021年底，根据国家能源局发布的2021年全国电力工业统计数据显示，全国发电装机容量约23.8亿千瓦，其中风电装机容量约3.3亿千瓦，太阳能发电装机容量约3.1亿千瓦，水力发电装机容量约3.9亿千瓦，核电装机容量约0.5亿千瓦，清洁能源装机约占全国发电装机的45%。就开发方式而言，我国清洁能源发展呈现集中开发为主、分布式开发为辅、就地消纳和跨区输送并重的特点。

2.1.2.1 太阳能

我国太阳能的可开发量巨大，其中，青藏高原、甘肃北部、宁夏北部和新疆南部等地区太阳能资源最丰富，约占全国的75%。

随着光伏发电成本持续下降，技术进步和规模效应凸显。我国高效晶体硅太阳电池生产技术水平和世界同步，产业规模全球第一，光伏产品性价比国际领先；光伏产品产量连续九年位居全球首位，形成了从晶体硅提纯、电池生产、组件封装、系统集成等完整的光伏产品制造产业链，成为名副其实的光伏电池制造大国。目前可规模量产的太阳电池技术主要有铝背场（BSF）电池、PERC电池、TOPCon电池、异质结（HJT）电池、IBC电池。PERC电池技术已经成为主流，占据了新建量产产线，新增产能持续释放，市场占比提升至86.4%。太阳能是未来电力行业实现"双碳"目标的主力军。

2.1.2.2 风能

我国陆上风能资源丰富，海上风能资源储量大。近年来，我国风电发展迅速，已成为全球最大的风电装备制造业基地，也是整机和零部件的出口基地，装机容量、发电量和行业技术水平都处于世界领先地位。

我国风电产业已形成包括叶片、塔筒、齿轮箱、发电机、变桨偏航系统、轮毂等在内的零部件生产体系。大型风电机组开发技术升级和国际化进程不断加快。当前我国1.5~6兆瓦风电机组已形成充足供应能力，部分机组制造商的8~10兆瓦风电机组样机也已下线。海上风电积累了一定的海上风电设计、施工、运行和维护经验，为海上风电逐步平价创造了条件，海上风电场逐步由近海向深远海发展，推动了规划、设计、施工等多个技术领域的发展。我国风电出力特性以及风资源分布特点，决定了未来风电规模化发展以大规模、高集中的开发模式和大容量、高电压、远距离的输送模式为主。我国是目前世界上唯一开展大规模风电基地建设的国家，具备引领世界大规模风电基地设计、建设与运行的潜力，已在吉林、内蒙古东部和西部、黑龙江、河北、山东、甘肃、新疆和江苏等地建设千万千瓦级的风电基地，是未来电力行业实现"双碳"目标的主力军。

2.1.2.3 水能

我国水力资源丰富，水能是我国最主要的清洁零碳能源。通过多年的水能开发实践，我国水电发展取得巨大成就，在水电行业已形成了规划、设计、施工、装备制造、运行维护的全生命周期产业链。

在行业持续高质量发展的同时，水电科学技术不断进步，水电工程建设、机电设备与金属结构设计制造、工程运维管理与应急、流域管理与综合调度、流域多能互补、生态环境保护与修复等技术均跻身世界前列。抽水蓄能具有调峰、调频、调相、储能、系统备用和黑启动的六大功能，在保障大电网安全、促进新能源消纳、提升全系统性能、助力乡村振兴和经济社会发展中发挥着重要作用，是应对未来"双碳"目标下风、光等新能源大规模和高比例发展、满足电力系统灵活调节电源需求的重要组成部分。在实现"双碳"目标的发展时期，水电开发在我国能源结构转型和绿色发展等方面将发挥更加重要的作用。

2.1.2.4 核能

核能是一种结构比较稳定、能量密度较高的清洁型资源，在低碳绿色环保发展领域有着重大意义，在未来的可持续发展中，核能将成为能源体系中不可或缺的一部分。

今天，我国已经成为世界上拥有完整核工业体系的极少数国家之一，拥有核电站建造的专有技术体系和知识产权。我国第三代核电技术领先全球，实现铀浓缩离心机的国产化，建成核燃料原件，核燃料供应完全立足本国，这些都证实我国核电发展已经进入世界前列。核能作为稳定高效的基荷能源，具有低碳属性，能够以安全、高效、清洁的方式供应电力，且不会造成环境污染问题，是实现"双碳"目标的重要选项。

2.1.2.5 生物质能

生物质能作为一种碳中和、可再生、高效的优质能源，具有绿色、低碳、清洁、可再生等特点，已成为传统火力发电厂转型的优质选择。

生物质发电主要包括生物质直燃发电、生物质混燃发电、生物质气化发电和沼气发电。其中，生物质直燃发电规模最大、技术最成熟。生物质直燃发电的核心是生物质锅炉技术，目前国内主要以炉排炉锅炉和循环流化床锅炉为主，前者投资和运行成本较低，一般额定功率小于 20 兆瓦；后者燃烧效率较高、热容量大、对燃料的适用性较强，能够适应生物质燃料的多变性和复杂性。目前我国生物质直燃发电单机容量多选择 15 兆瓦或 30 兆瓦的高温高压机组，也有选择 30 兆瓦高温超高压机组。

近几年，生物质能的另一种利用方式——液体燃料得到了较快发展。生物质液体燃料主要有生物质制醇燃料、生物质制（生物）柴油、生物质制烃类燃料。其中，生物质制醇燃料发展最快，占比最大，工艺也相对成熟。目前，我国是继美国、巴西之后的世界第三大乙醇汽油生产和使用国。生物质能开发利用对应对全球气候变化、解决能源供需矛盾、保护生态环境等均具有重要作用，是推进我国能源生产和消费革命和能源转型的重要措施。

2.1.2.6 地热能

地热能是蕴藏在地球内部的热能，通常分为浅层地热能、水热型地热能、干热岩型地热能，是一种清洁低碳、分布广泛、资源丰富、安全优质的可再生能源。近年来，我国地热能装备水平不断提高，浅层地热能利用快速发展，水热型地热能利用持续增长，干热岩型地热能资源勘查开发及发电开始起步，地热能产业体系初步形成。

我国从 20 世纪 70 年代初期开展现代意义上的地热资源开发利用。经过几十年的发展，已经形成以供暖制冷、水产养殖、温泉洗浴等直接利用方式和以发电为主的地热资源综合开发利用技术体系，基本实现了大型地源热泵、高温热泵和多功能热泵装备的国产化。"十三五"期间,国家进一步加大对地热勘探开发利用的科研投入,多项地热项目列入国家重点研发计划,通过科技攻关、创新研发、成果转化,形成了涵盖地热勘探开发利用全流程的系列技术,有效支撑全国区域内不同类型热储地热供暖面积迅速增长和效益的不断提升。地热能开发利用具有供能持续稳定、高效循环利用、可再生的特点,可减少温室气体排放,改善生态环境,在未来清洁能源发展中占重要地位。

2.1.2.7 氢能

氢能作为一种清洁高效的二次能源,已经成为应对气候变化、建设脱碳社会的重要能源,是替代化石能源的选择之一。截至 2020 年,我国氢气生产和消费量均突破 2500 万吨,成为世界第一大制氢国。

氢能产业链较长,包括氢气制取、储运、加注和应用各个环节,其中,制氢是基础,储运和加氢是氢能应用的核心保障。氢气按生产来源分为灰氢、蓝氢和绿氢。其中,灰氢是石化燃料制氢,如石油天然气、煤炭制氢,存在碳排放;蓝氢同样是化石燃料制氢,但通过碳捕集技术将碳封存起来,不向大气排放;绿氢是可再生能源(如风电、水电、太阳能)等制氢,制氢过程完全没有碳排放。总体来看,我国可再生能源制氢、应用全产业链技术和装备等方面均有涉及,已形成完整的产业结构,但与氢能发达国家相比,技术和装备相对落后,应用领域也有待拓宽。发展氢能有利于实现大规模可再生能源的高比例消纳,有利于实现终端难减排领域的碳中和。

2.2 智慧能源的发展现状

2.2.1 背景及意义

2.2.1.1 实现能源供给革命

智慧能源系统通过多环节协同,从供给侧转型出发,完善供能方式,发挥不同能源品种的协同优势,降低供能成本,提升服务质量,实现能源供给革命。

智慧能源系统能推动区域间电力资源的协调互补和优化配置。未来智慧能源是分布式和集中式相结合的高度开放式的能源系统,面对我国能源生产与消费逆向分布的格局,采用大电网与微电网相结合布局的智慧能源系统,各个区域各种形式可再生能源都能够柔性接入,从而进一步推动区域间电力资源的协调互补和优化配置。依托互联网,分布式电源与微电网凭借灵活的运行方式、能量梯级利用、提供可定制电源等特性,能够协调控制分布式电源、储能与需求侧资源,从而保证分布式可再生能源的并网需求。

2.2.1.2　实现能源消费革命

智慧能源系统充分满足用户多样化用能需求，创新能源消费方式，利用需求的差异化，依托市场机制优化用户用能习惯，实现用能需求的互补，降低用能成本，实现高效用能。

智慧能源系统能有效解决我国面临的严峻的能源与环境问题。智慧能源系统既可提高可再生能源的入网比例，实现能源供给方式的多元化，促进能源结构优化，也可以实现能源资源按需流动，促进资源节约、高效利用，实现降低能源消耗总量，减少污染排放。智慧能源系统能够最大程度地提高能源资源的利用效率，降低经济发展对传统化石能源资源的依赖程度，从根本上改变我国的能源生产和消费模式，有效解决我国当前能源消费和环境与经济发展之间的矛盾。

2.2.1.3　实现能源体制革命

电力体制改革为多种市场主体参与电力市场竞争创造了条件，市场化的价格机制使需求侧参与互动成为可能，增量配电和售电改革为在一个相对固定的用能区实施试点提供了机会。

智慧能源系统能推动我国能源行业体制的变革。我国正处于能源产业结构调整以及体制改革的关键时期，智慧能源系统将会从根本上改变我国的经济产业布局和能源生产消费模式，其高度开放的特点，也会推动我国能源体制的变革，提高我国能源行业的整体开放程度。智慧能源系统是多类型用能网络的多层耦合，电力作为重要的二次能源，是实现各能源网络有机互联的链接枢纽。智慧能源系统的建设将会最大程度地推动当前我国能源行业体制改革进程，加速相关政策措施的完善以及智慧应用等技术手段的研发速度，从而促进我国新型能源行业体系的建设完善。

2.2.1.4　实现能源技术革命

智慧能源系统是互联网技术、现代信息通信技术与能源系统深度融合的结果。通过整合云计算技术、大数据等现代通信技术、分布式发电技术、现代电力系统控制技术等，为能源系统提供了"灵魂"和"大脑"。

能源技术革命作为国家创新的重点领域，其内涵不断丰富完善，成为支持能源绿色转型、形成现代能源体系、保障能源安全、引领经济高质量发展的核心基础支撑。世界主要国家积极开展能源科技战略布局与科研活动组织，在能源生产、传输和消费侧以数字化智能化技术为依托，传统能源开发、新可再生能源应用、规模储能等前沿技术不断取得突破。我国于2016年发布了《能源技术革命创新行动计划（2016—2030年）》，提出在十五个关键能源技术领域开展行动。智慧能源作为满足人民能源需求新变化的新模式，是能源科技革命的新目标。一方面，能源科技革命领域取得的重大成果将为智慧能源的建设推进提供基础技术支撑，且该支撑更契合能源行业本身特征；另一方面，能源科技革命将能源互联网、电网、储能、节能等与智慧能源典型相关的技术作为重点创新内容，并与其他技术相互补充、渗透与融合，这更加体现了能源科技革命的目标之一是促进智慧能源建设进程。

2.2.1.5　保障国内能源安全

发展智慧能源系统也是保证我国能源安全的需要。智慧能源可将能源密度较低的可再生能源实现就近配置，降低我国对国外能源资源的依赖程度。智慧能源系统具有更大范围的能源资源调控整合能力，可大大提高能源资源供给的灵活性和弹性，有效避免能源系统受到大的冲击。利用能源大数据系统，政府通过能源数据分析研究的结果，与公众在能源安全状况等方面做到公开透明的沟通交流，降低能源安全对社会经济的不稳定影响，同时利用大数据对危及国家能源安全的各方面因素进行识别，提高我国能源安全管理和预警水平。

2.2.1.6　促进全球能源创新发展

以创新理念引领并推动国家各领域发展已成为世界各国的共同选择。在能源领域，各国基于能源安全、独立与转型、应对气候变化等需要，以能源科技创新为核心，在能源发展战略与思路、核心理念、生产与消费利用方式、商业运营模式、政策管理机制与体制、国际合作策略等方面，进行完善、升级和革新。欧洲早在2010年便开启了智慧欧洲计划；2017年，全球能源互联网纳入联合国工作框架，并启动"2030议程"；2020年，"全球智慧能源高峰论坛"与"中国－东盟智慧能源合作发展论坛"召开，探讨互联网助力智慧能源、能源数字化转型等主题。由此可见，实现能源智慧化的理念被国际社会广泛认可，各国争相在智慧能源领域加快进行战略布局，智慧能源已成为区域和全球能源创新发展的新方向与新共识。

2.2.2　发展现状

智慧能源是一种能源产业发展新形态，相关技术、模式及业态均处于探索发展阶段。国家已出台多项关于智慧能源的指导意见及相关鼓励政策，电力能源企业也正积极探索智慧能源与不同行业融合发展的新途径。2016年，国家发改委、能源局、工信部印发《关于推进"互联网＋"智慧能源发展的指导意见》，明确提出要发挥互联网在能源产业变革中的基础作用，加快形成以开放、共享为主要特征的能源行业新模式、新业态。智慧能源的发展对推动我国能源生产与消费革命、提升能效、增加可再生能源比重和促进能源市场开放和产业升级将发挥巨大作用。

现阶段，智慧能源的发展尚处于起步阶段，发展思路和模式仍在探索，但已出现售电公司、互联网金融、跨界融合等多元化的发展趋势。

2.2.2.1 应用场景正在创新

智慧生产：能源行业是资产密集型行业，具有设备价值高、产业链长、危险性高、环保要求严的行业特征，面临设备管理不透明、工艺知识传承难、产业链上下游协同水平不高、安全生产压力大等行业痛点。随着世界能源格局的变化，能源发展向低碳化、分散化、智能化转变。能源消费服务市场的需求转变，倒逼生产、储运环节要更加安全、高效、清洁，因此需要依靠数字技术，提高能源生产过程的智能化水平。在智慧能源领域，能源企业正致力于运用数字技术，在生产环节实现自动化和智能化，提高生产过程的可视性，消除不确定性，提高生产效率和质量。

智慧营销：人工智能、大数据等信息技术的应用，使得传统行业之间的壁垒和不同专业之间的"高墙"被打破，能源行业的形态发生了极大变化。传统的能源企业正在面临负荷集成商等市场新进入者以及众多基于互联网生态成立的全新企业的挑战，能源消费者将前所未有地成为重塑市场格局的重要力量。目前，国家电网客服中心已基本构建人工智能服务体系，搭建人工智能基础平台和运营平台，赋能智能客服、智能座席、智能运营三大应用。

智慧管理：传统企业的管理模式，是通过严明的管理机制和方法，标准化、流程化的手段来提高企业的生产效率。数字技术的发展为企业的运营管理注入了活力，也对企业的运营管理产生了颠覆式的冲击。在数字经济时代，快速变化的市场需求以及迭代更替的技术手段，促使企业多方面转变：一是从经验驱动向数据驱动转变，敏捷响应市场变化；二是从相互独立向协同发展转变，建立与数字创新相适应的运营流程；三是从依赖人力和等级管理向智能化、数据化转变，实现业务管控效率和效益的提升。

2.2.2.2 国家政策大力支持

我国政府十分重视智慧能源产业的政策引导。2015年7月印发的《关于积极推进"互联网+"行动的指导意见》提出，互联网由消费领域向生产领域拓展，强调互联网与各领域的融合发展；2016年2月印发的《关于推进"互联网+"智慧能源发展的指导意见》，要求2019—2025年着力推进能源互联网多元化、规模化发展。

新冠疫情发生以来，为统筹经济社会发展，国家多次强调要加快重大工程和基础设施建设工作。"新基建"包括信息基础设施、融合基础设施、创新基础设施，涵盖5G网络建设、工业互联网、人工智能、大数据、智能交通基础设施、智慧能源基础设施等。政府部门和企业加快布局智慧能源系统相关项目和试点，例如，2020年5月发布的《上海市推进新型基础设施建设行动方案（2020—2022

年）》明确，要对标一流水平，围绕新网络、新设施、新平台、新终端进行统筹布局，全力提升新型基础设施能级；在"新终端"建设行动方面提出新建10万个电动汽车智能充电桩、完善城市智慧能源基础设施建设等举措。

目前，中国智慧能源产业的发展进入提速阶段。开放的智慧能源生态体系，不仅促进了电、气、热等能源行业企业开展紧密合作，而且推动与金融支付、互联网企业、汽车厂商等多个主题领域的跨界合作，实现多方信息的深入融合应用。

2.2.2.3 国际能源密切合作

为满足能源供应安全和清洁低碳发展要求，电力行业逐渐数字化、智能化，智慧能源技术基础与产业经验逐步成熟，世界范围内智慧能源成为发展趋势。大到世界各国间的交流合作、小到组织间的创新探索，无一不是世界领域在能源合作方面进行的积极尝试。

2.3 相关法规政策

能源的清洁智慧发展，需要市场主体的投资、建设、运营，但也离不开国家政策的引导支持，离不开国家法律法规的有力保障。

2.3.1 国家法律保障能源清洁智慧发展

从法律渊源角度讲，我国支持能源向清洁低碳、智慧多元方向发展的法律体系由《宪法》中的相关条款、能源法律、其他法律涉及能源的条款、国务院行政法规、地方性法规和行政规章、相关司法解释以及我国缔结或者参加的国际条约等构成。

2.3.1.1 《宪法》

2018年修正的《宪法》，在序言中加入了生态文明内容，涵盖绿色发展的"新发展理念"和"美丽的社会主义现代化强国"，丰富了宪法中与清洁低碳发展有紧密关联的内容。上述内容与宪法总纲中的第九条、第十四条、第二十六条共同提供了清洁智慧发展能源的宪法依据。

第九条 矿藏、水流、森林、山岭、草原、荒地、滩涂等自然资源，都属于国家所有，即全民所有；由法律规定属于集体所有的森林和山岭、草原、荒地、滩涂除外。

国家保障自然资源的合理利用，保护珍贵的动物和植物。禁止任何组织或者个人用任何手段侵占或者破坏自然资源。

第十四条　国家通过提高劳动者的积极性和技术水平，推广先进的科学技术，完善经济管理体制和企业经营管理制度，实行各种形式的社会主义责任制，改进劳动组织，以不断提高劳动生产率和经济效益，发展社会生产力。

国家厉行节约，反对浪费。

国家合理安排积累和消费，兼顾国家、集体和个人的利益，在发展生产的基础上，逐步改善人民的物质生活和文化生活。

国家建立健全同经济发展水平相适应的社会保障制度。

第二十六条　国家保护和改善生活环境和生态环境，防治污染和其他公害。

国家组织和鼓励植树造林，保护林木。

2.3.1.2 《电力法》

《电力法》保障和促进电力事业的发展，保障电力安全运行，涉及电力投资者、经营者和使用者的权益规范，其中对包括农村在内的各地区开发使用清洁能源提出了要求。

第五条　电力建设、生产、供应和使用应当依法保护环境，采用新技术，减少有害物质排放，防治污染和其他公害。

国家鼓励和支持利用可再生能源和清洁能源发电。

第九条　国家鼓励在电力建设、生产、供应和使用过程中，采用先进的科学技术和管理方法，对在研究、开发、采用先进的科学技术和管理方法等方面作出显著成绩的单位和个人给予奖励。

第四十八条　国家提倡农村开发水能资源，建设中、小型水电站，促进农村电气化。

国家鼓励和支持农村利用太阳能、风能、地热能、生物质能和其他能源进行农村电源建设，增加农村电力供应。

2.3.1.3 《煤炭法》

为了合理开发利用和保护煤炭资源，规范煤炭生产、经营活动，促进和保障煤炭行业的发展，国家制定了《煤炭法》，其中的第十一条和第二十八条强调了煤炭生产过程中的环境保护和综合开发导向。

第十一条　开发利用煤炭资源，应当遵守有关环境保护的法律、法规，防治污染和其他公害，保护生态环境。

第二十八条 国家提倡和支持煤矿企业和其他企业发展煤电联产、炼焦、煤化工、煤建材等，进行煤炭的深加工和精加工。

国家鼓励煤矿企业发展煤炭洗选加工，综合开发利用煤层气、煤矸石、煤泥、石煤和泥炭。

2.3.1.4 《节约能源法》

为了推动全社会节约能源，提高能源利用效率，保护和改善环境，促进经济社会全面协调可持续发展，国家制定了《节约能源法》。法律通篇传递了节约、环保、清洁导向，有关条款就能源开发、技术创新、调度运行、价格政策等提出了清洁化的要求。

第七条 国家实行有利于节能和环境保护的产业政策，限制发展高耗能、高污染行业，发展节能环保型产业。

国务院和省、自治区、直辖市人民政府应当加强节能工作，合理调整产业结构、企业结构、产品结构和能源消费结构，推动企业降低单位产值能耗和单位产品能耗，淘汰落后的生产能力，改进能源的开发、加工、转换、输送、储存和供应，提高能源利用效率。

国家鼓励、支持开发和利用新能源、可再生能源。

第八条 国家鼓励、支持节能科学技术的研究、开发、示范和推广，促进节能技术创新与进步。

国家开展节能宣传和教育，将节能知识纳入国民教育和培训体系，普及节能科学知识，增强全民的节能意识，提倡节约型的消费方式。

第三十二条 电网企业应当按照国务院有关部门制定的节能发电调度管理的规定，安排清洁、高效和符合规定的热电联产、利用余热余压发电的机组以及其他符合资源综合利用规定的发电机组与电网并网运行，上网电价执行国家有关规定。

第三十三条 禁止新建不符合国家规定的燃煤发电机组、燃油发电机组和燃煤热电机组。

第六十六条 国家实行有利于节能的价格政策，引导用能单位和个人节能。

国家运用财税、价格等政策，支持推广电力需求侧管理、合同能源管理、节能自愿协议等节能办法。

国家实行峰谷分时电价、季节性电价、可中断负荷电价制度，鼓励电力用户合理调整用电负荷；对钢铁、有色金属、建材、化工和其他主要耗能行业的企业，分淘汰、限制、允许和鼓励类实行差别电价政策。

2.3.1.5 《可再生能源法》

为了促进可再生能源的开发利用，增加能源供应，改善能源结构，保障能源安全，保护环境，实现经济社会的可持续发展，国家制定《可再生能源法》。

法律明确，国家将可再生能源的开发利用列为能源发展的优先领域，通过制定可再生能源开发利用总量目标和采取相应措施，推动可再生能源市场的建立和发展。国家将可再生能源开发利用的科学技术研究和产业化发展列为科技发展与高技术产业发展的优先领域，纳入国家科技发展规划和高技术产业发展规划，并安排资金支持可再生能源开发利用的科学技术研究、应用示范和产业化发展，促进可再生能源开发利用的技术进步，降低可再生能源产品的生产成本，提高产品质量。

法律明确，国家鼓励和支持可再生能源并网发电。国家扶持在电网未覆盖的地区建设可再生能源独立电力系统，为当地生产和生活提供电力服务。国家鼓励清洁、高效地开发利用生物质燃料，鼓励发展能源作物。国家鼓励和支持农村地区的可再生能源开发利用。对列入国家《可再生能源产业发展指导目录》、符合信贷条件的可再生能源开发利用项目，金融机构可以提供有财政贴息的优惠贷款。国家对列入《可再生能源产业发展指导目录》的项目给予税收优惠。

法律中非常有特色的是就可再生能源建立了发电全额保障性收购制度、电价补偿制度和发展基金制度。

2.3.1.6 《环境保护法》

《环境保护法》明确，保护环境是国家的基本国策。国家采取有利于节约和循环利用资源、保护和改善环境、促进人与自然和谐的经济、技术政策和措施，使经济社会发展与环境保护相协调。提出国家促进清洁生产和资源循环利用。国务院有关部门和地方各级人民政府应当采取措施，推广清洁能源的生产和使用。企业应当优先使用清洁能源，采用资源利用率高、污染物排放量少的工艺、设备以及废弃物综合利用技术和污染物无害化处理技术，减少污染物的产生。

2.3.1.7 《循环经济促进法》

《循环经济促进法》要求，企业应当采用先进或者适用的回收技术、工艺和设备，对生产过程中产生的余热、余压等进行综合利用。建设利用余热、余压、煤层气以及煤矸石、煤泥、垃圾等低热值燃料的并网发电项目，应当依照法律和国务院的规定取得行政许可或者报送备案。电网企业应当按照国家规定，与综合利用资源发电的企业签订并网协议，提供上网服务，并全额收购并网发电项目的上网电量。

《循环经济促进法》指出，国家实行有利于资源节约和合理利用的价格政策，引导单位和个人节约和合理使用水、电、气等资源性产品。国务院和省、自治区、直辖市人民政府的价格主管部门应当按照国家产业政策，对资源高消耗行业中的限制类项目，实行限制性的价格政策。对利用余热、余压、煤层气以及煤矸石、煤泥、垃圾等低热值燃料的并网发电项目，价格主管部门按照有利于资源综合利用的原则确定其上网电价。

2.3.1.8 《清洁生产促进法》

《清洁生产促进法》规定，国务院应当制定有利于实施清洁生产的财政税收政策。国务院及其有关部门和省、自治区、直辖市人民政府，应当制定有利于实施清洁生产的产业政策、技术开发和推广政策。

法律明确，国务院清洁生产综合协调部门会同国务院环境保护、工业、科学技术部门和其他有关部门，根据国民经济和社会发展规划及国家节约资源、降低能源消耗、减少重点污染物排放的要求，编制国家清洁生产推行规划，报经国务院批准后及时公布。国家清洁生产推行规划应当包括：推行清洁生产的目标、主要任务和保障措施，按照资源能源消耗、污染物排放水平确定开展清洁生产的重点领域、重点行业和重点工程。国务院有关行业主管部门根据国家清洁生产推行规划确定本行业清洁生产的重点项目，制定行业专项清洁生产推行规划并组织实施。

2.3.1.9 《大气污染防治法》

《大气污染防治法》强调，防治大气污染，应当以改善大气环境质量为目标，坚持源头治理，规划先行，转变经济发展方式，优化产业结构和布局，调整能源结构。防治大气污染，应当加强对燃煤、工业、机动车船、扬尘、农业等大气污染的综合防治，推行区域大气污染联合防治，对颗粒物、二氧化硫、氮氧化物、挥发性有机物、氨等大气污染物和温室气体实施协同控制。

法律明确，国务院有关部门和地方各级人民政府应当采取措施，调整能源结构，推广清洁能源的生产和使用；优化煤炭使用方式，推广煤炭清洁高效利用，逐步降低煤炭在一次能源消费中的比重，减少煤炭生产、使用、转化过程中的大气污染物排放。法律规定，燃煤电厂和其他燃煤单位应当采用清洁生产工艺，配套建设除尘、脱硫、脱硝等装置，或者采取技术改造等其他控制大气污染物排放的措施。国家鼓励燃煤单位采用先进的除尘、脱硫、脱硝、脱汞等大气污染物协同控制的技术和装置，减少大气污染物的排放。电力调度应当优先安排清洁能源发电上网。

《大气污染防治法》的一项重要制度创新是污染物排放的总量控制制度。

2.3.1.10 《农业法》

《农业法》规定，发展农业和农村经济必须合理利用和保护土地、水、森林、草原、野生动植物等自然资源，合理开发和利用水能、沼气、太阳能、风能等可再生能源和清洁能源，发展生态农业，保护和改善生态环境。县级以上人民政府应当制定农业资源区划或者农业资源合理利用和保护的区划，建立农业资源监测制度。

2.3.1.11　国际公约

我国于 1992 年签署了《气候框架公约》，1998 年签署了《京都议定书》，2015 年签署了《巴黎协定》。这些国际条约较多涉及能源领域，如提出了清洁能源发展机制是中国能源清洁低碳发展法律体系的重要组成部分。

2.3.2　国家政策支持能源清洁智慧发展

2.3.2.1　中央精神

党的"十九大"报告在"加快生态文明体制改革，建设美丽中国"部分指出，必须坚持节约优先、保护优先、自然恢复为主的方针，形成节约资源和保护环境的空间格局、产业结构、生产方式、生活方式，还自然以宁静、和谐、美丽。强调要推进绿色发展。加快建立绿色生产和消费的法律制度和政策导向，建立健全绿色低碳循环发展的经济体系。构建市场导向的绿色技术创新体系，发展绿色金融，壮大节能环保产业、清洁生产产业、清洁能源产业。推进能源生产和消费革命，构建清洁低碳、安全高效的能源体系。推进资源全面节约和循环利用，实施国家节水行动，降低能耗、物耗，实现生产系统和生活系统循环链接。倡导简约适度、绿色低碳的生活方式，反对奢侈浪费和不合理消费，开展创建节约型机关、绿色家庭、绿色学校、绿色社区和绿色出行等行动。

实现 2030 年前碳达峰、2060 年前碳中和，是中央明确的目标，这其中能源低碳转型十分关键。2021 年发布的《中共中央　国务院关于完整准确全面贯彻新发展理念做好碳达峰碳中和工作的意见》明确提出，要把碳达峰碳中和纳入经济社会发展全局，以经济社会发展全面绿色转型为引领，以能源绿色低碳发展为关键，加快形成节约资源和保护环境的产业结构、生产方式、生活方式、空间格局，坚定不移走生态优先、绿色低碳的高质量发展道路，确保如期实现碳达峰碳中和。文件提出要积极发展非化石能源，因地制宜开发水能，积极安全有序发展核电，合理利用生物质能。加快推进抽水蓄能和新型储能规模化应用，统筹推进氢能"制储输用"全链条发展，构建以新能源为主体的新型电力系统，提高电网对高比例可再生能源的消纳和调控能力。

2.3.2.2　产业政策

2016 年出台的《可再生能源发电全额保障性收购管理办法》明确，电网企业根据国家确定的上网标杆电价和保障性收购利用小时数，全额收购规划范围内的可再生能源发电项目的上网电量。同年发布的《关于改善电力运行调节促进清洁能源多发满发的指导意见》要求，各地政府主管部门组织编制本地区年度电力平衡方案时，应采取措施落实可再生能源发电全额保障性收购制度。

2017年印发的《解决弃水弃风弃光问题实施方案》要求，各地区和有关单位高度重视可再生能源电力消纳工作，采取有效措施提高可再生能源利用水平，到2020年在全国范围内有效解决弃水弃风弃光问题。

2018年印发的《清洁能源消纳行动计划（2018—2020年）》提出，到2020年基本解决清洁能源消纳问题，确保全国平均风电利用率达到国际先进水平，弃风率控制在合理水平；光伏发电利用率高于95%，弃光率低于5%。上述政策产生积极成效，到2020年末，全国可再生能源的弃风、弃光严重情况得到根本扭转。

"十四五"是我国应对气候变化、实现碳达峰目标的关键期和窗口期，也是能源工业实现绿色低碳转型的关键五年。2022年1月，国家发展改革委、国家能源局印发了《关于完善能源绿色低碳转型体制机制和政策措施的意见》（以下简称《意见》）确定的主要目标是，"十四五"时期，基本建立推进能源绿色低碳发展的制度框架，形成比较完善的政策、标准、市场和监管体系，构建以能耗"双控"和非化石能源目标制度为引领的能源绿色低碳转型推进机制。到2030年，基本建立完整的能源绿色低碳发展基本制度和政策体系，形成非化石能源既基本满足能源需求增量又规模化替代化石能源存量、能源安全保障能力得到全面增强的能源生产消费格局。

《意见》明确的基本原则，一是要坚持系统观念、统筹推进；二是要坚持保障安全、有序转型；三是要坚持创新驱动、集约高效；四是要坚持市场主导、政府引导。

2.3.2.3 价财政策

价格政策方面，2006年我国依据《可再生能源法》建立支持可再生能源电力发展的固定电价和费用分摊制度，颁布了《可再生能源发电价格和费用分摊办法》，明确各类可再生能源的上网电价（高于传统火电电价），同时规定了这部分额外费用需要在全国根据各省发电量按比例分摊。随后陆续颁布了陆上风电、光伏发电、生物质发电（农林剩余物发电、垃圾发电、沼气发电）、海上风电、光热发电上网标杆电价以及分布式光伏发电的度电补贴政策，并依据各类可再生能源技术发展形势进行相应的调整。"十一五"后期，国家出台了一系列完善风电、光伏上网电价的措施，2009年发布的《关于完善风力发电上网电价政策的通知》，将全国风电资源按风力强度等分为四级，确定不同的标杆电价，明确投资收益，鼓励投资者优先投资优质资源地区，显著推动了新能源发展进程。"十二五"期间，针对光伏发电，先后颁布《关于完善太阳能光伏发电上网电价政策的通知》和《关于发挥价格杠杆作用促进光伏产业健康发展的通知》，不断调整光伏标杆电价，确定分布式光伏发电的补贴政策。

财政政策方面，2011 年国家设立了可再生能源发展基金，在全国范围内征收可再生能源电价附加，用于可再生能源电价补贴和接网费用以及独立可再生能源运行费用补贴。2011 年印发《可再生能源发展基金征收使用管理暂行办法》，规定可再生能源电价附加征收标准为 0.8 分 / 千瓦·时；2013 年印发《国家发展改革委关于调整可再生能源电价附加标准与环保电价有关事项的通知》，将向除居民生活和农业生产以外其他用电征收的可再生能源电价附加标准由每千瓦·时 0.8 分提高至 1.5 分；2016 年印发《财政部 国家发展改革委关于提高可再生能源发展基金征收标准等有关问题的通知》，将居民生活和农业生产以外全部销售电量基金征收标准，由每千瓦·时 1.5 分提高到每千瓦·时 1.9 分。2019 年底，全国人民代表大会常务委员会执法检查组《关于检查〈中华人民共和国可再生能源法〉实施情况的报告》中指出，据财政部统计，2012 年以来累计安排补贴资金超过 4500 亿元，为可再生能源快速发展提供了有力支持。

税收政策方面，为积极推动可再生能源行业发展，近年来，国家出台了一系列税收优惠政策。例如，对纳税人销售自产的利用风力生产的电力产品，实行增值税即征即退 50% 的政策；纳税人销售自产的利用餐厨垃圾、禽畜粪便等农林剩余物生产的电力，享受增值税 100% 即征即退政策；对属于公共基础设施项目企业所得税优惠目录的可再生能源项目，可按规定享受企业所得税"三免三减半"政策，符合条件的可再生能源发电企业均可依法享受上述税收优惠政策。

2.4 本章小结

大幅提高清洁能源在能源生产消费中的结构占比，持续推动能源结构转型以及能源生产和消费的清洁化、低碳化，是实现我国"双碳"目标的必由之路。近年来，太阳能、风能、水能、核能、生物质能、地热能和氢能的科技创新能力显著提升，产业发展能力持续增强，带动了我国能源结构持续优化。

智慧能源的内涵正在不断深化，智慧能源系统在推动能源革命、保障能源安全、促进能源技术创新等多方面的意义得到重视。作为一种能源产业发展的新形态，智慧能源的相关技术、模式及业态处于探索发展阶段，应用场景正在创新，国家政策不断出台，国际合作趋于密切。

《宪法》的相关条款、能源法律、其他法律涉及能源的条款、国务院行政法规、地方性法规和行政规章、相关司法解释以及我国缔结或者参加的国际条约中，对能源清洁低碳、智慧多元发展提供了有力保障。近年来，无论是中央精神还是具体的产业政策和价财政策，都对能源清洁智慧发展予以明确的引导和支持。

参考文献

［1］石文辉，白宏，屈姬贤，等．我国风电高效利用技术趋势及发展建议［J］．中国工程科学，2018，20（3）：51–57．

［2］工业和信息化部电子信息司．2021年中国光伏产业瞄准高质量发展 实现"十四五"良好开局［EB/OL］．［2022–02–15］．https://www.miit.gov.cn/jgsj/dzs/gzdt/art/2022/art_52adf842f47b4eb098df03f5359996cc.html．

［3］黄其励，倪维斗，王伟胜，等．西部清洁能源发展战略［M］．北京：科学出版社，2019．

［4］黄其励，高虎，赵勇强．我国可再生能源中长期（2030、2050）发展战略目标与途径［J］．中国工程科学，2011，13（6）：88–94．

［5］国家发展和改革委员会能源研究所，国家可再生能源中心．中国风电发展路线图2050（2014版）［R］．2014．

［6］国家发展改革委国家能源局．能源技术革命创新行动计划（2016—2030年）［R］．2016．

［7］路甬祥．清洁、可再生能源利用的回顾与展望［J］．科技导报，2014，32（Z2）：15–26．

［8］国家发展和改革委员会能源研究所．中国2050高比例可再生能源发展情景暨路径研究［R］．2015．

［9］邱卫林，于雯．新时期我国核能产业发展现状及对策研究［J］．科技经济市场，2017（2）：184–186．

［10］王贵玲，张发旺，刘志明．国内外地热资源开发利用现状及前景分析［J］．地球科学，2000（2）：134–139．

［11］郑克棪，潘小平．中国地热勘查开发100例［M］．北京：地质出版社，2015．

［12］赛迪顾问，百度．2021年智慧能源白皮书［R］．2021．

［13］吕凛杰，孙晓梅，韩续，等．"互联网+"智慧能源发展现状及挑战［C］// 2016电力行业信息化年会．2016：197–199．

［14］曾鸣，许彦斌，潘婷．智慧能源与能源革命［J］．中国电力企业管理，2020（28）：49–51．

［15］曾鸣．利用能源互联网推动能源革命［J］．中国电力企业管理，2016（34）：48–50．

［16］刘建平，陈少强，刘涛．智慧能源：我们这一万年［M］．北京：中国电力出版社，2013．

［17］童光毅，杜松怀．智慧能源体系［M］．北京：科学出版社，2020．

第3章 清洁能源的开发利用技术

本章按照不同能源种类介绍了太阳能、风能、水能、核能、生物质能、地热能、氢能等清洁能源的开发利用技术，主要包含各能源种类的资源情况，开发利用技术现状，未来技术需求以及技术发展趋势。

3.1 太阳能（光伏、光热）

太阳能是指以电磁波的形式投射到地球，可以转化为热能、电能、化学能等可供人类使用的太阳辐射能。太阳能资源总量巨大且清洁无污染。但是，太阳能能量密度较低，受昼夜、季节、天气、地理纬度和海拔高度等条件限制，有一定的周期波动性和不稳定性。太阳能热水器是一项成熟的技术。目前，太阳能发电技术主要为光伏发电和光热发电。

3.1.1 资源模拟与评估技术

不同的发电技术对太阳能辐射资源的评估有所不同。光伏发电及低温光热利用需要评估太阳能总辐射，光热发电中高温利用需要评估太阳能法向直射。

3.1.1.1 光伏

我国太阳能资源丰富，全国总面积 2/3 以上地区年日照时数大于 2000 小时，陆地每年接收的太阳辐射总量为 $3.3 \times 10^3 \sim 8.4 \times 10^3 MJ/m^2$，相当于 2.4×10^4 亿吨标准煤燃烧产生的热量。根据国家气象局风能太阳能评估中心划分标准，我国太阳能资源地区分为四类（表 3.1）。

表 3.1　我国太阳能资源分布情况

地区	全年辐射量	标煤燃烧当量	主要地区
一类地区	6700~8370 MJ/m²	相当于 230kg 标准煤燃烧产生的热量	青藏高原、甘肃北部、宁夏北部、新疆南部、河北西北部、山西北部、内蒙古南部、宁夏南部、甘肃中部、青海东部、西藏东南部
二类地区	5400~6700 MJ/m²	相当于 180~230kg 标准煤燃烧产生的热量	山东、河南、河北东南部、山西南部、新疆北部、吉林、辽宁、云南、陕西北部、甘肃东南部、广东南部、福建南部、江苏中北部和安徽北部
三类地区	4200~5400 MJ/m²	相当于 140~180kg 标准煤燃烧产生的热量	长江中下游、福建、浙江和广东部分地区
四类地区	4200 MJ/m² 以下	相当于 140~180kg 标准煤燃烧产生的热量	四川、贵州

我国太阳能资源技术开发总量为 1362 亿千瓦。水平面总辐射年总量 ≥ 1000 千瓦·时/平方米的区域，光伏技术开发量为 1362 亿千瓦；水平面总辐射年总量 ≥ 1400 千瓦·时/平方米的区域，光伏技术开发量为 1287 亿千瓦；水平面总辐射年总量 ≥ 1700 千瓦·时/平方米的区域，光伏技术开发量为 731 亿千瓦。按区域划分光伏技术开发量前三位为西北、东北和西南地区，三地的技术开发量之和超过全国的 90%。

3.1.1.2　光热

按传输方式的不同，太阳辐射可分为直接辐射、散射辐射和水平面总辐射。太阳能热发电主要利用法向直接辐射，同时考虑水平面总辐射。年总太阳法向直射辐射量 > 1800 千瓦·时/平方米的地区，适合进行太阳能热发电站建设；年总太阳法向直射辐射量 > 2000 千瓦·时/平方米的地区，有利于太阳能热发电站的建设；年总太阳法向直射辐射量 > 2200 千瓦·时/平方米的地区，非常有利于太阳能热发电站建设的地区。

除了太阳能资源以外，太阳能热发电对土地资源、水资源、地形地貌、电网规划、交通设施等也有一定要求，尤其是在当前技术状况和成本电价的约束下，太阳能热发电主要制约因素包括：①荒漠化土地、荒地、戈壁等地区，地形坡度值范围在每 100 平方千米内平均坡度变化小于 5；②距离电站选址 100 千米以内有三级以上公路，10 千米以内有四级公路；③一个装机 10 万千瓦的电站，年须保证用水 5 万吨。

我国适合太阳能的具体区域是青藏高原西北部、新疆东部、内蒙古中西部、甘肃省和宁夏回族自治区等地，西藏地区虽然太阳资源好，但距离东部地区远，电力输送困难。我国 2016 年公布的首批示范项目的建设地址也基本上位于前述地区。

3.1.2　开发利用技术

3.1.2.1　光伏

光伏发电是实现能源转型和"双碳"目标的重要支撑。近十多年来，我国光伏技术特别是晶体硅光伏产业化技术发展迅速，已成为全球光伏制造和应用大国，产业化水平、产业规模以及光伏装机量均为世界第一。但是，产业链下游技术，如储能、退役光伏组件回收处理等，尚处于起步阶段。

目前，我国各种商业化太阳电池产品中，PERC 太阳电池在未来 5~10 年内将占据主要的市场份额，各种新型的 N 型太阳电池技术将出现增速发展。在薄膜太阳电池技术领域，铜铟镓硒（CIGS）薄膜太阳电池技术将是我国光伏建筑一体化产业的重要应用方向。钙钛矿太阳电池技术正处于商业化发展的前沿，由于其在光电转换效率、成本、弱光性和室内应用方面均具有显著优势，被认为有望取代硅基太阳电池的主导地位。

我国晶体硅电池是目前在量产方面表现最好的电池技术。2020 年 4 月，晶科能源公司研发的多晶硅电池片实验室效率达到 23.3%，随后阿特斯阳光电力集团宣布将该效率提高至 23.81%。2021 年 7 月，通威太阳能有限公司通过创新其 PERC 太阳电池生产工艺，制备了光电转换效率可达 23.47% 的 M6 大尺寸全面积 PERC 太阳电池。2021 年 10 月，晶科能源研究院所研发的高效 N 型单晶硅单结电池技术取得重大突破，全面积电池最高转化效率达到 25.4%。同月，隆基硅基异质结电池（HJT）转换效率达到 26.30%，刷新全球晶硅 FBC 结构电池的最高效率纪录。

我国钙钛矿、有机电池等电池片实验室效率也走在世界前列。2020 年 7 月，杭州纤纳光电科技有限公司以 18.04% 的钙钛矿小组件光电转换效率的成绩，第七次蝉联了钙钛矿小组件世界纪录榜首。2021 年 12 月，暨南大学新能源技术研究院在大面积聚合物衬底柔性钙钛矿光伏组件的研究上取得突破，基于反式结构的柔性组件有效面积效率高达 20.20%（12.11 平方厘米），孔径面积效率达 19.21%（12.74 平方厘米），均为当前已报道柔性钙钛矿光伏组件的世界最高转换效率，样品在最大功率点跟踪测试中表现出优异的稳定性。

3.1.2.2　光热

目前国际上主流的太阳能热发电技术包括槽式、塔式、线性菲涅尔式和碟式等。我国太阳能热发电技术仍以槽式和塔式为主，其中熔盐塔式技术逐步成熟，与导热油槽式技术成为并列的主流技术。在我国已建成的太阳能热发电系统中，塔式技术路线占比约 60%，槽式约 28%，线性菲涅耳技术约占 12%。

根据 2018 年我国并网的 3 座商业化太阳能热发电示范项目的运行结果，太阳能热发电机组调峰深度最大可达80%，升降负荷速率可达每分钟3%~6%额定功率，冷态启动时间1小时左右、热态启动时间约25分钟，可100%参与电力平衡，可部分替代化石类常规发电机组，对保障高比例可再生能源电网的安全稳定运行具有重要价值。

目前，我国太阳能热发电系统集成技术、电站运维技术、电站软件开发、电站运行策略、关键设备及材料等方面都在不断提升。中控太阳能公司承建的青海中控德令哈50兆瓦光热示范电站通过了德国Fichtner公司的完整技术评估，并依托德令哈光热发电示范项目开发了塔式光热电站设计、仿真培训、性能评估和运营优化系列软件产品，该系列软件已在中控德令哈50兆瓦项目得到应用验证，并已广泛用于多个项目方案设计。兰州大成熔盐线性菲涅尔光热示范电站成功按照电网指令要求实现在晚高峰期间发电；内蒙古乌拉特槽式光热示范电站尝试采用光伏/风电与光热混合发电，通过风光热合理配比以及电加热熔盐，实现能源稳定输出。关键设备及材料方面，突破了"熔盐泵受国外厂商垄断、核心技术受制于人"的局面。

此外，我国业内研究单位先后开展了研究项目"宽波段平面超表面太阳能聚光器及其集热系统""太阳能光热发电及热利用关键技术标准研究""第四代光热发电高温固体颗粒吸热器研究""第四代光热发电超临界二氧化碳换热器研究""光热发电用耐高温熔盐特种合金研制与应用"等，并取得一定进展。

3.1.3 未来技术需求分析

3.1.3.1 光伏

未来太阳电池将向着更安全、更高效、更低成本发展。在产业化晶硅和薄膜电池之外，将继续进行大量新型电池的研究工作，满足太阳能光伏发电的需求。高质量界面及体材料钝化技术、低复合和低电阻电极接触技术、钙钛矿快速大面积低成本成膜以及结晶工艺、叠层电池器件结构设计技术、光伏电池新型结构和新材料的研发等技术将成为主要攻关方向。

光伏系统及集成技术应用将朝着多样化、规模化、高效率方向发展。随着新技术迭代升级不断加快，智能制造迅速推广，能源产业数字化竞争不断加快，光伏应用场景和边界正不断突破。未来光伏技术应用将是大基地、分布式等多种形式并举，向着村级电站、渔光互补、农光互补、海上光伏、分布式光伏＋储能、光电建筑一体化等多种"光伏＋"模式发展。因此，大功率高效率海陆系统集成技术、高可靠性高性能抗腐蚀性器件研发技术及光伏系统智慧运维和功率预测技术等将成为重点研究方向。

光伏组件的绿色回收利用技术将成为发展趋势。硅电池组件寿命约 25 年，寿命期满后组件回收规模极其可观。对晶硅光伏材料及组分（硅、铜、铝、玻璃、塑料等）进行无害化处理乃至回收利用，可一定程度上缓解光伏组件原材料短缺问题，并降低资源浪费与生态环境污染。

3.1.3.2　光热

现阶段，全球研究热点是超临界二氧化碳太阳能热发电技术，该项技术被美国能源部认为是可以将太阳能热发电成本电价降低到 6 美分 / 千瓦·时的唯一技术方向，我国在"十三五"期间也布局了相应科研项目。以熔盐作为储热材料，配置大规模储热系统的太阳能热发电技术是当前商业化太阳能热发电站的主流技术。

超临界二氧化碳太阳能热发电技术：基于超临界二氧化碳动力循环的塔式太阳能热发电技术，具有热机转换效率高、系统回热温度高和热机功率匹配性好的特点，特别适合太阳能热发电领域。突破基于超临界二氧化碳动力循环的太阳能热发电技术瓶颈，是将太阳能热发电成本电价降低到能够平价上网的关键技术途径。

超超临界熔盐塔式太阳能热发电技术：与常规火电机组参数相比，太阳能热发电发电机组难以实现大容量，而温度和压力则可与常规火电参数相适应。现有的导热油槽式太阳能热发电站传热流体工作温度超过 390℃，熔盐塔式太阳能热发电站熔盐工作温度超过 560℃，蒸汽参数对应高压、亚临界或超临界。为了进一步提高光电转换效率，基于传统朗肯循环的超超临界太阳能热发电技术也是重要的发展方向。超超临界蒸汽温度不低于 600℃，压力不低于 25 兆帕，适合以熔盐为传热流体的大型塔式太阳能热发电，熔盐系统和匹配机组容量的配置是该技术的难点。

线聚光熔盐太阳能热发电技术：与点聚光相比，线性菲涅耳式或槽式太阳能热发电聚光系统的一次投资成本较低，部件与材料成熟可靠，但其系统运行温度也较低，导致光电转换效率不高。系统通常以熔盐作为储热材料，与传热流体是两种材料，这样不仅增加了一套换热系统，还增加了储热材料的使用量。如果采用熔盐同时作为传热流体和储热材料，提高系统运行温度，既可以节省一套换热系统、降低换热损失，还可以节省储热材料的使用量，提高储热效率和发电效率。

3.2　风能

风能是重要的新能源和可再生能源。我国风能资源丰富，开发前景广阔。风能的开发利用技术主要是将风能转化为电能进行高效利用。目前我国风电技术成熟，已成为第三大电源。

3.2.1　资源模拟与评估技术

风能资源模拟技术用于回算及预测风资源的时空分布和变化情况，是新能源资源评价和电量预测的重要工具。该技术使用大气数值模式，能够在缺少局地观测资料的情况下得到指定地区的资源数据，广泛应用于新能源行业中。风能资源模拟与评估技术包括两个方面：一是区域风能资源评估技术，用于评估风能资源分布，支撑风电发展规划或风电场宏观选址；二是场站资源评估技术，用于评估风能资源分布，支撑风力机排布优化等风电场可行性论证。

区域资源评估技术，国内外均采用中尺度数值模拟方法，主要评估资源储量、技术可开发量、经济可开发量等内容，主要步骤包括数据收集、资源模拟、资源分析、资源评估。

场站资源评估是进行风电场设计的重要组成部分，用于风机选型和布局、场站年发电量计算。场站资源评估结合风机造价、电气、二次防护、辅助建筑等成本，对场站进行综合设计，降低风场建设成本、充分利用资源、提高场站发电量、实现效益最大化。风电场的总体设计需要对场区内每台风机的位置进行设计，为此建立场站资源情况模型并进行计算，我国气象局建立了数值模拟评估系统 WERAS/CMA，中国电力科学研究院引入 NCAR 气候四维同化模式 WRF-CFDDA 对全球观测数据进行同化分析，显著提高数值模式的模拟精度。

我国年平均风速的高值区分布在青藏高原、"三北"地区和海上，其中海上年平均风速明显大于陆地，以台湾海峡和台湾岛的近海风能资源最丰富；年平均风速的低值区主要分布在青藏高原"背风区"的中东部地区。

在全国年平均风速分布的数值模拟基础上，考虑地形、地貌、土地利用等自然条件和现阶段工程技术水平制约风电开发的因素，通过 GIS 空间分析计算得到单位面积土地装机容量，并根据资源丰富程度计算可开发的新能源资源总量（表 3.2）。

表 3.2　我国陆地风能资源技术开发量

高度（m）	技术开发总量（亿 kW）	低风速资源技术开发量*（亿 kW）
80	32	4.9
100	39	5.0
120	46	4.6
140	51	4.1

* 注：技术开发总量中包括低风速资源技术开发量。

从表3.3看，海上风能资源整体比陆上优越且稳定。我国沿海风功率密度从南到北沿福建、浙江、江苏、山东和辽宁逐渐减少，而受海底地质和台风等海上条件的影响，开发难度从北向南逐渐增大。近海风能资源按水深和离岸距离两种方式进行评估，水深0~5米范围属于潮间带，不计入近海风能资源评估的范围，水深5~50米海域风能资源技术开发量为4.0亿千瓦，离岸距离50千米以内海域风能资源技术开发量为3.6亿千瓦（表3.4）。

表3.3 我国各地区风能资源技术开发量

地区	风能技术可开发量（亿kW）	地区	风能技术可开发量（亿kW）
全国	39	华中	1.4
西北	11.1	华南	2.2
东北	9.9	西南	3.9
华北	9.0	海上	4
华东	1.5		

表3.4 我国近海100米高度风能资源技术开发量

等深线（m）	技术开发总量（亿kW）	离岸距离（km）	技术开发总量（亿kW）
5~25	2.1	< 25	1.9
25~50	1.9	25~50	1.7

3.2.2 开发利用技术

风力发电及高效利用技术主要涉及风力发电机组自身的技术研发，以及风电的并网和运行等环节中的高效利用关键技术。近年来，我国风力发电科技和产业技术进步显著，在装备研制、风能高效利用等方面已经取得显著成绩，产业和利用规模世界第一。

3.2.2.1 风能应用装备

风能装备是风电开发利用的核心。风力发电是利用风力带动风车叶片旋转，再透过增速机将旋转的速度提升，风电机组将捕获的机械能量通过风力机、传动系统以及与其连接的发电转换成电能。风能装备系统主要由风力发电机、蓄电池、控制器、并网逆变器组成，装备产业涉及机组开发、零部件配套、零部件试验验证等。

在大型风电机组的开发技术方面，我国加快技术升级和国际化进程。当前我国1.5~6兆瓦风电机组已形成充足供应能力，部分8~10兆瓦风电机组样机也已下线。大型风电机组整机及部件设计制造是增强风电装备制造业核心竞争力、打破国外垄断的重要技术方向。我国风电产业已经形成包括叶片、塔筒、齿轮箱、发电机、变桨偏航系统、轮毂等在内的零部件生产体系。在风电机组单机容量向大型化方向发展的同时，针对市场的需求，风电设备厂家也不断开发适应不同风场的特性化机组，如低风速型风电机组的推出使得占中国风能资源 60% 以上的低风速区域具备了很好的开发价值，为我国因地制宜开发风电创造了条件。

在风电机组零部件配套方面，我国风电产业已经形成包括叶片、塔筒、齿轮箱、发电机、变桨和偏航系统、轮毂、变流器等在内的零部件生产体系。上述主要零部件的产量均已居全球第一位，除配套国产整机厂商外，部分零部件也对国外厂商有少量配套。在高性能轴承、油脂、传感器、控制芯片等方面，国产零部件尚不能实现对进口零部件的完全替代。在市场的引领下，风电零部件的国产化正在快速推进，逐步从应用替代深入到理论研究。

在风电整机和零部件试验验证方面，我国部分制造企业和认证机构建立了有关的测试平台，但是测试功能相对单一，大多依据国际和国内产品标准执行，以合格性检验为主要目的，研究深入度和开放性交流显著不足。2010 年，我国在张北地区建立了国家风电技术检测与研究中心，借助公共试验场开展了一系列风电设备的现场运行性能和电网适应性测试，为我国提高产业技术能力和加快规模化发展提供了有效助力。

在数字化风电技术方面，目前我国自主生产的 SCADA 系统具备基本的数据采集、处理、显示功能，但所支持的通信协议有限，不具备通用性。风电场智能化监控和运维技术正在向着信息化、集群化的方向发展。通过智能控制技术、先进传感技术以及高速数据传输技术的深度融合，综合分析风电机组运行状态及工况条件，对机组运行参数进行实时调整，实现风电设备的高效、高可靠性运行。

在风电新概念技术方面，长期来看，风电等可再生能源的综合利用仍处于起步阶段，在低碳环保可持续发展理念下，风电机组技术未来也会发展出一些全新的理念，新的技术路线、材料和工艺也将不断被利用到风电机组中来，使我们能更高效、更灵活、更低成本地获取风能，较为典型的如超导风电机组、高空风电机组、采用 SIC 器件的变流技术、叶片编织成型技术和多叶轮结构等。目前国内已着手开展超导风力发电机组设计、高空发电（300 米以上）及风筝发电等。

3.2.2.2 风电高效利用

风电高效利用技术通过调控风机、风电场以及风电场并网等，保证风电机组安全稳定运行并尽可能地使电网多接纳风电，从而保证风电的"发得出、用得上"。近几年，通过风电稳定控制、风电并网友好型等技术的不断进步，保证了我国风电的高效开发利用，风电装机规模不断增大，目前已成为仅次于煤电和水电的第三大电源。

在风电控制方面，我国对于新能源电站有功、无功控制技术研究已经积累了一定经验，研发了以公共连接点电压稳定为目标的风电场电压无功综合控制系统，研制了风电场有功协调控制系统，对于电网调度部门提高风电的管理和控制水平以及风电利用率具有显著意义。有功控制研究主要集中在控制策略、控制方法评价等方面，在大型新能源电站多工况自适应调频控制、基于多源数据融合的大型新能源电站有功分层控制技术方面开始起步研究；无功控制研究集中于风电机组的控制策略、无功的优化选址以及风电场当地控制策略等方面。

在电网友好型技术方面，随着风电比例的不断上升，出于电网稳定运行考虑，我国对风电机组的并网性能也不断提出新的要求，包括低电压穿越、高电压穿越、惯量提取和一次调频等。目前，低电压穿越、高电压穿越、惯量和一次调频等技术指标已逐步在国家标准中明确和完善，但针对直流送端、配电网接入等场景下的特殊要求仍有待研究。近年来随着电力系统中风电比例的提高，对风电接入电网特性的关注逐步从单一的工频扩展到宽频域范围。

在风电优化调度方面，风电功率预测是优化调度的基础，针对我国风电发展模式和特点，从超短期、短期、中长期等多时间尺度建立了较为完善的风电功率预测体系，采用的主要调度模型和方法包括考虑自动发电控制备用的优化调度方法、考虑风电接入系统的旋转备用容量优化调度方法和以风险概率为约束的新能源随机优化调度方法等。国内已开发了新能源优化调度支持系统，并应用于我国多个省级（区）的电力调度控制中心。

相较于陆上风电，我国海上风电的研究工作明显滞后。海上风电组网及送出技术方面，兼顾经济性与可靠性，传统交流汇集系统是海上风电场内集电系统方案的最好选择，也是当前国内外海上风电场内集电系统普遍选择的技术方案，交流集电系统拓扑连接方式多种，链形结构简单，应用最广泛。另外，针对交直流混合汇集和基于直流风电机组的全直流风电场也在开展研究。海上风电送出技术包括高压交流输电、常规直流、柔性直流和分频输电技术等，各送出方案的适用范围不同，其中高压交流输电和常规直流输电技术最成熟，国内已有大量海上风电工程应用高压交流输电方案送出，海上风电经柔性直流送出仍在示范阶段。

3.2.3　未来技术需求分析

大力发展风电等新能源是构建我国清洁低碳、安全高效的能源体系的必由之路。近年来我国的风电开发利用取得巨大成就，风力发电科技和产业技术进步显著，但在部分高端技术和关键装备等方面与国际水平还有一定差距，需要进一步发展和完善。

风能资源评估应向更精细化以及极端风况资源评估方向发展。我国风能情况复杂，目前未形成资源监测网，雷达和卫星等测风技术待研究，亟需开展特殊环境下的风能资源监测，提高风能资源监测准确性和连续性，开发适合我国地形气候的本土数值模式及评估软件。研发区域风能资源开发对气候变化、大气环流以及区域环境承载能力等方面的综合性评估体系，提出准确量化的评价方法和标准，发展支撑大型风电基地建设的风能资源评价技术以及对大型风电机组载荷与发电效率有影响的极端风况评估技术。

风电装备将向着大型化、智能化、数字化方向发展。随着风电机组单机容量的不断增加及我国风电开发的不断深入，利用智能控制技术，通过先进传感技术和大数据分析技术的深度融合，综合分析风电机组运行状态及工况条件，对机组运行参数进行实时调整，实现风电设备的高效、高可靠性运行，是未来风电设备智能化研究的趋势。创新物联网、云计算、大数据等信息技术在风能产业升级和风电智能运维等方面的应用，开发具备自主知识产权的风电机组设计和载荷评估软件，发展装备制造过程中的智能化加工和质量控制技术。

风电控制技术将向着智能化、自动化方向发展。通过建成大规模风电集群控制技术支持系统，做到基于多源数据融合的大型新能源电站有功分层控制，实现风电集群控制的智能化、自动化，进一步提高大型风电基地的运行控制水平。通过突破电流源型主动支撑技术、电压源型自同步控制技术，保障弱同步支撑的高比例新能源系统安全稳定运行，提高新能源机组的弱电网适应性、自同步能力，支撑未来以新能源为主体的新型电力系统电压、频率的构建以及安全稳定运行。

风电功率预测技术还需补充和完善概率预测和误差评估体系，发展多时空尺度、多预测对象的新一代功率预测方法，进一步提升发电功率预测的分辨率和精度。风电优化调度将向不确定性调度、在线风险预警、主动防御方向发展，突破跨季节互补调度、短期和超短期随机优化调度、调度决策风险评估及防控预警等技术，并且通过风电与电化学储能、抽水蓄能、热力、油气等多种形式储能优化配置及联合运行调度技术、风电基地特高压跨区外送调度运行关键技术等，最终建立适合多种能源应用的市场机制下的新能源优化调度体系，实现最大化消纳风电，在提高风电等新能源利用率的同时降低运行成本。

海陆并举已成为我国风电发展的必然趋势。随着未来我国海上风电规模的不断增加，海上风电并网运行的相关问题也将逐步凸显，直流汇集及并网技术以其独特的优势将成为未来海上风电并网的主要选择之一。此外，通过开展适应于海上风电规划技术、资源评估与预测技术以及大型海上风电基地交直流混联汇集及送出的直流电网拓扑优化、协调运行控制、故障保护等关键技术研究，全面建成大规模海上新能源接入直流电网协调运行和控制保护技术体系，突破交直流混合电网接口技术瓶颈，实现海上风电接入电网，促进海上风能资源的规模化高效利用。

3.3 水能

我国水能资源丰富，水电是最大、最清洁的可再生能源，我国水电投产装机容量和发电量均居世界首位，已与 80 多个国家建立了水电规划、建设和投资的长期合作关系，是推动世界水电发展的主要力量。

3.3.1 资源分布情况

目前，我国水能资源技术可开发量约 6.87 亿千瓦，年发电量约 3 万亿千瓦·时，居世界首位。我国已建电站还有很大的扩机改造潜力，经进一步系统优化，初步测算已建水电深度开发潜力超过 1 亿千瓦。

由于各地区地形与降雨量的差异，我国水能资源在地域分布上极不均衡。我国经济相对落后的西部 12 个省（自治区、直辖市）水能资源占全国总量的81.73%，特别是西南地区云、贵、川、渝、藏 5 省（自治区、直辖市）就占全国总量的 2/3 左右；其次是中部的 8 个省占 12.98% 左右；而经济发达、用电负荷集中的东部 11 个省（直辖市）仅约占 5.29%。

3.3.2 开发利用技术

目前，我国水电装机容量和年发电量均居世界首位，各项技术已达到世界先进水平，形成了规划、设计、施工、装备制造、运行维护全生命周期均具有比较优势的产业链。水电开发为实现我国 2020 年非化石能源发展目标发挥了有力支撑作用，为促进国民经济和社会可持续发展提供了重要能源保障。

我国水电工程建设技术世界领先。21 世纪以来，我国建成了以锦屏一级、溪洛渡水电站为代表的 300 米级高混凝土拱坝，以龙滩、光照为代表的 200 米级高碾压混凝土重力坝，以水布垭、猴子岩等为代表的 200 米级高混凝土面板堆石坝，以糯扎渡为代表的 250 米级高土心墙堆石坝工程等。在特高坝安全、高水头大流量泄洪消能、复杂地质条件巨型地下洞室群建设、高土石坝复杂地基处理、大型高陡边坡加固处理技术、砂石料长距离皮带输送等方面积累了丰富经验，取得了一系列世界领先的科技创新成果。"十三五"期间，依托以上重大工程，重点开展了高寒高海拔高地震烈度复杂地质条件下筑坝技术、高坝工程防震抗震技术、高寒高海拔地区特大型水电工程施工技术、超高坝建筑材料技术攻关，提升水电工程勘测设计与施工水平。智能化建造方面，糯扎渡、溪洛渡、白鹤滩、乌东德水电站等均建成了数字化综合信息集成系统，对工程设计、建设和运行全过程信息进行动态采集与数字化处理，对施工过程进行精细化全天候实时监控；两河口工程实现了大坝无人碾压机群的应用。

在水电设备设计制造技术方面，依托国家重大水电工程，我国水电机组设备经过引进、消化、吸收、再创新，逐步具备了自主研制大型水电机组的能力，实现了跨越式发展。我国混流式、轴流转桨式和灯泡贯流式机组的设计制造已达到世界先进水平；实现了中低水头百万千瓦级巨型混流式机组的自主研发和生产制造，技术水平处于世界领先地位。近年来，随着金沙江、雅砻江、澜沧江及黄河上游等大型及巨型水电站的建设投产，国产化的电气设备在水电站高压、超高压、特高压及大电流领域广泛使用，打破了国外厂家的长期垄断；国产的计算机监控系统、微机型继电保护设备已全面占领国内市场。国产机电设备设计制造整体实力已经达到国际先进水平。在金属结构和机械设备领域，我国自主制造了世界上最大的单体升船机、最大跨度重型缆机，已具备独立自主研制各种闸门及启闭机、起重机械的能力，金属结构和机械设备的规模和设计制造技术水平得到了快速发展，设计制造能力达到国际先进水平。

在抽水蓄能电站建设技术方面，抽水蓄能电站的设计、施工、设备制造和自主创新研发能力也不断提升，整体达到国际先进水平。坝工技术方面，坝工设计理论和方法、筑坝材料、基础处理、大坝抗震等技术都很成熟，各种坝型在抽水蓄能电站中均有应用。库盆防渗技术方面，钢筋混凝土面板和沥青混凝土面板防渗技术已非常成熟。随着高水头大容量抽水蓄能电站的建设，在高水头压力管道衬砌和岔管技术方面积累了丰富经验，如应用于内蒙古呼和浩特抽水蓄能电站的高压钢板国产化和钢岔管自主制造技术。机电设备技术方面，我国抽水蓄能电站机组向着高水头、大容量、高可靠性的方向发展，已投产抽水蓄能电站机组达到700米水头段、单机容量最大达到 37.5 万千瓦，在建工程中包括了敦化、阳江、长龙山、平江、洛宁等一批 600 米以上高水头、大容量、高转速抽水蓄能电站，丰宁抽水蓄能电站在国内首次选用了 2 台交流励磁变速机组。

在水电工程运维和应急技术方面，水电工程日益成为国家防洪安保体系和保障国民经济发展的重要基础设施，其运行安全和应对灾害风险的能力关乎国家安全和人民群众生命财产安全。"十三五"期间，结合红石岩堰塞湖、白格堰塞湖应急抢险和处置，我国的堰塞湖溃堰洪水分析、应急抢险关键技术处于国际先进水平。在工程健康检查和诊断方面，初步开展了物联智能感知设备与技术研发、深水与超长距离水下探测关键技术及设备研发、大坝安全评价及安全鉴定关键技术研究等工作。在水电工程升级改造方面，开展了水下修复、渗漏处理、缺陷处理、加固处理、水库淤积处理、机组维修、生态流量设施改造、监测自动化系统改造等工作。高坝大库放空方面，提出了连续多级闸门联合挡水的新型放空系统及其自动化控制的系统技术解决方案。

在流域梯级综合调度水平方面，"十三五"期间，随着水情自动测报和梯级集控管理技术水平提升，我国在梯级水电开发利用成熟的河流或河段开展流域梯级联合调度，如雅砻江、大渡河、金沙江下游等已基本实现了以开发主体单位牵头的梯级联合调度。长江流域将流域内蓄滞洪区、重要排涝泵站和引调水工程等水工程纳入联合调度范围，调度范围也由上中游扩展至全流域，实现水工程的统一调度。流域梯级水电综合监测是水电站后期运行和管理的数据支撑和依据，"十三五"期间，我国流域水电综合监测稳步推进，开展了多项流域水电综合监测研究课题，完成了大渡河、金沙江、澜沧江、雅砻江和乌江流域水电开发基础资料的收集、整理和分析工作，构建了全国流域水电综合监测信息系统平台。四川省提出了《大渡河流域水电综合管理试点工作方案》，明确提出积极推进大渡河流域水电综合管理试点，以统筹解决大渡河流域开发共性问题，也为全国流域水电综合管理探索经验，并发挥示范作用。

在流域多能互补技术方面，多能互补技术包括终端一体化集成供能系统和风光水火多能互补系统两种类型，水电行业重点面向后者，即多能源品种的多能互补技术。欧美发达国家以用户侧多能互补技术及应用居多，我国主要基于区域电力系统，在电源侧、电网侧、用户侧协同考虑多能互补技术研究，尤其针对电源侧，依托区域电网、综合能源基地建设，明确多能互补形式，分析各电源发电及互补特性，提出电源配置方案以及水电与新能源等规模布局优化调度多能互补相关技术。"十三五"期间，研究了黄河上游、金沙江上游、澜沧江、雅砻江等流域（地区）的电源发电特性、电源配置方案等水风光互补技术；开工建设了以海南州–驻马店特高压直流通道为依托的青海省海南州水风光互补基地。

在生态环境保护与修复技术方面，我国水电开发历来重视生态环境保护工作，在水电规划设计、建设、运行的各个阶段均较好地贯彻了生态优先的发展理念，采取了科学规范的技术手段和管理措施减免环境影响，在河流生态流调控、分层取水、过鱼设施、鱼类增殖放流、鱼类栖息地保护等生态保护和修复技术等方面取得长足进步，实现了水电开发与环境保护的协调发展。在河流生态流量调控技术上，基本形成了涵盖生态流量泄放设施设置和运行、生态调度以及生态流量在线监控等三个方面的技术体系。低温水影响减缓措施的型式和技术选择从原来主要集中在叠梁门分层取水技术，发展到叠梁门、前置挡墙、隔水幕墙复合型技术。在过鱼设施技术上，通过对工程实践的技术创新和总结，提出了水电工程过鱼设施设计规范，形成了鱼道、仿自然通道、鱼闸、集运鱼系统以及升鱼机等过鱼型式的技术研究和实践。在鱼类增殖放流技术上，基本形成了鱼类增殖放流站规划设计、建造、设备设施生产、运行以及放流效果监测评估的技术体系。在鱼类栖息地保护及修复技术上，通过栖息地受损前后生境适宜性模型模拟，使生境保护及修复提升到定量评估阶段，并应用于生态保护与生境修复实践中。

3.3.3 未来技术需求分析

在全球能源转型，实现碳达峰碳中和的时代背景下，水电发展需要水风光互补规划、支撑新型电力系统建设、梯级水电储能工厂建设等多方面擘画新蓝图，开启新征程。

在水能规划关键技术方面，水风光等可再生能源具有较好的出力互补特性，依托已建、在建或规划水电基地（抽水蓄能），通过常规水电站扩机增容、储能改造，配合风、光间歇性电源运行，平抑风光发电出力变幅，统筹本地消纳和外送，综合规划、布局一批流域及跨区域的水风光一体化可再生能源综合开发基地，带动新能源大规模集约化开发，优化整体效益。建立考虑水、风、光及火、蓄等多能源品种复杂边界条件的精细化电力系统模拟模型，建立复杂目标函数和约束条件下的适应不同需求场景的多能互补优化调度模型，建立反映多能互补发电系统运行特性的经济、能耗（技术）、环境等效益的综合评价指标体系，在系统模拟和优化调度模型的基础上，根据多目标指标体系，建立考虑送出通道容量限制的风光等新能源接入能力分析方法，通过充分利用水电和抽水蓄能的调节作用、采用多能互补方式，确定合理的风光水配比规模，推进风光水多能互补基地建设论证。

在抽水蓄能服务新型电力系统建设方面，新型电力系统以新能源为主体，需要吸纳大规模、高比例间歇性可再生能源，对灵活调节资源提出了要求。在"双碳"目标下，清洁可再生的灵活调节资源尤为宝贵。抽水蓄能电站，立足于规模占比最高的储能资源，定位于服务新能源快速发展，是建设新型电力系统的支撑性电源之一，其主要作用有：①增强电力系统调节能力；②发挥储能作用；③保障电网安全运行。

在水电梯级利用方面，依托水电梯级建设储能工厂有望成为未来发展方向。水电梯级储能工厂，定位于负荷中心及邻近地区的受端流域，经水电的长时储能调节功能，实现低质低价电量向可调节高价电量转变。以服务于电力系统为主要目标，促进源网荷储发展，通过储能工厂将水电功能从电量兼顾容量，转变为储能和容量补偿为主体。在开发路径上：一是规模形式各异，可以是流域内多个梯级水库之间建立水力联系，也可以是单一水电梯级；二是开发方式多样，包含了常规水电机组、抽水储能大泵、可逆式机组等多种技术形式。

3.4 核能

核能是在原子核结构发生变化过程中释放出来的能量，也称原子能。核能既可以通过重原子核的裂变取得，也可以通过非常轻的原子核之间的聚变获得。

3.4.1 资源分布与储量

核能矿产资源是指铀资源和具潜在应用前景的钍资源，目前主要是指铀资源。铀-235是唯一存在于自然界中的可裂变材料，其含量极低，只占天然铀的0.714%，而不可裂变的铀-238占99.28%（图3.1）。核能矿产资源是军民两用的重要战略资源，是发展核工业的重要物质基础。我国将从核工业大国走向核工业强国，必须具有足够强大的核能矿产资源供应能力做保障。铀的供应一般分为两大类型：第一类为主要资源，是指直接从铀矿山和水冶厂加工铀；第二类为二次资源，为核电站乏燃料后处理回收的铀资源循环利用。

我国铀成矿条件总体较好，潜在常规铀资源量超过200万吨，非常规铀资源量超过100万吨。我国铀矿类型中，砂岩型铀资源量占46%，花岗岩型占22%，火山岩型占16%，碳硅泥岩型占8%，其他类型约占8%。我国形成了较完整的铀矿勘查采冶体系，铀矿勘查形成了较系统的地质理论体系和"天-空-地-深"

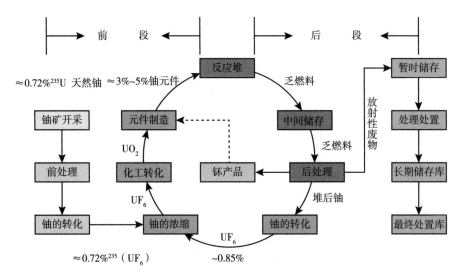

图3.1 核电站铀-钚燃料闭式循环示意图

一体化技术，并全面进入了 500~1500 米深度的"第二找矿空间"，最近在北方新探明了十万吨级的砂岩型铀资源基地；铀采冶工艺技术齐全，主要采用地浸、常规开采 – 堆浸、常规开采 – 搅拌浸出等采冶工艺，建立了 CO_2+O_2 地浸采铀工艺技术为标志的第三代采铀技术，近年建成多个现代化的地浸采铀矿山，地浸采铀产量占比已超过 70%。

海水中的铀是陆地上已探明储量的近千倍，开发陆地铀资源的同时，探寻和开拓非常规铀资源，是我国核工业发展的战略性选择之一。我国海水提铀将实施三个阶段的战略路线：第一阶段（2021—2025 年），实现海水中提取千克级铀产品能力；第二阶段（2026—2035 年），建成海水提铀吨级示范工程；第三阶段（2036—2050 年），实现海水中提取铀产品连续生产能力。

核电站乏燃料后处理回收的铀资源循环利用。据测算，将乏燃料中的铀和钚进行回收，制成核燃料再投入反应堆中使用，可节省天然铀 30% 左右。这种核燃料循环使用的方式可以使铀资源利用率提高 60 倍左右，核能发展可以实现千年能源。

3.4.2　开发利用技术

核科学技术是人类 20 世纪最伟大的科技成就之一，以核电为主要标志的核能和平利用，在保障能源供应、促进经济发展、应对气候变化、造福国计民生等方面发挥了不可替代的作用。目前，核能作为一次能源主要利用方式之一，主要用于发电。

3.4.2.1　反应堆

反应堆是核电站的核心。核燃料活性堆芯在其中维持裂变反应，大部分裂变能也在其中，可控的以热能的形式释放。堆芯内含有核燃料，由易裂变核素组成，通常还含有可转换物质，裂变中释放的中子几乎全部是高能的；如果希望大部分的裂变由吸收慢中子而产生，必须使用慢化剂，燃料和慢化剂的相对数量和性质决定了引起裂变的大部分中子的能量；堆芯中由于裂变产生的热量由适当的冷却剂循环流动带出，如果要将反应堆中释放的能量转化为电力或者其他形式，需要将热从冷却剂传递给某种工质，以产生蒸汽或热气体。

核反应堆原则上，可以根据引起反应堆中大部分裂变的中子的动能或者速度来分为快中子反应堆和热中子反应堆。反应堆类型可以根据慢化中子采用的慢化剂来细分（图 3.2）。慢化主要通过弹性散射反应实现，最好的慢化剂是质量数低、不易俘获中子的元素组成的物质，如石墨慢化堆、重水或者普通水慢化堆、铍或者氧化物慢化堆。按照冷却剂的不同，划分为液态水冷却、液态金属冷却（包括钠、钠钾合金、铅、铅铋合金等）、熔盐冷却、有机化合物冷却、气体冷却（包括空气、二氧化碳和氦等）。在沸水堆中，水在堆芯内沸腾，直接用裂变热来产生蒸汽做功。

3.4.2.2 核电厂

伴随着核电发展的不同阶段，核电厂的设计也产生了"代"的概念。在经历了第一代的原型堆和第二代的商业堆之后，第三代轻水堆核电厂在燃料技术、热效率以及安全系统等方面采用了现代化的技术。目前国际上正处于二代核电技术向三代核电技术过渡的阶段。考虑到压水堆的技术基础、发展历史、性能和价格上的优势，在未来 20 年乃至更长的时间内，压水堆技术仍将是国际核电发展的主流技术路线。

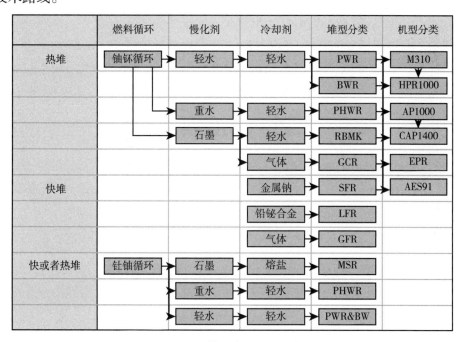

图 3.2　核反应堆堆型划分

3.4.3　未来技术需求分析

国内外核能科技创新总体上朝着标准化与型谱化、更好的经济性、满足安全标准和更广泛的用户需求，多领域的交叉融合与大数据、人工智能等新技术紧密结合方向发展。用户场景对新技术的需求由单一的电力供应为主向国家能源、军民融合、海洋开发、综合利用等方向扩展，供应产品也在由纯"电"向"热、电、水、汽、同位素"等多用途方向拓展。

从型号开发角度看，大堆方面，随着第三代核电技术的日趋成熟，技术上对型号的先进性和经济性提出了更高的要求。同时，型号开发也向着小型化、多用途系列化核能系统发展。目前世界在建工程以第三代核电站为主，形成包括"华龙"1号、"国和"1号在内的多种压水堆机型。同时，陆上小型水堆及海洋核动力平台的研发正加速开展，世界范围内已形成包括美国 NuScale Power 和 mPower 公司的小堆，俄罗斯的"罗曼索诺夫院士"号海上浮动核电站，中核 ACP100、国家电投 200MWt 一体化供热堆、中广核 ACPR50S 在内等 50 多种堆型。核聚变研究正在通过广泛的国际合作积极推进。在空间堆、同位素电池等特殊用途领域持续出现创新产品型号。四代核电技术和小型堆技术被各核电强国视为"抢占未来发展先机的战略前沿"。

在核能技术热点方面，开发满足更高安全标准、智能化的先进核能系统正成为发展趋势。福岛核电站事故之后，各国均对核电发展提出了更高的安全标准，实际消除大规模放射性物质释放及消除场外应急等要求成了核电安全性发展的大趋势。基于材料基因工程的多尺度、多组元的材料设计、研发、验证方法，为新型核能材料的创新提供了重要机遇。同时，为落实废物最小化原则和环境友好化原则，高减容废物处理技术（如蒸汽重整和等离子焚烧技术）和清洁解控技术的研究也成了运维及退役技术中的研究热点。

在新技术应用方面，数字孪生、互联网、3D 打印、大数据、云技术、人工智能、区块链等前沿技术在核电领域的工程应用成为行业科技创新的新方向。中核、广核、国电投集团等核电集团也投资进行数字化体系的建设，持续推进智慧能源建设。

在核能的非电力应用方面，2020 年，全世界利用 64 台在运核电机组产生了 3396.4 吉瓦·时的当量热量，支持核能的非电力应用。其中，有 8 台支持海水淡化，56 台支持区域供热和工业过程热应用。积极研究核能制氢技术，从而提高制氢效率和经济性。

3.5 生物质能

生物质能是太阳能以化学能形式储存于生物质中的能量，是继石油、煤炭、天然气之后的全球第四大能源，具有绿色、低碳、清洁、可再生等特点。生物质能的开发利用对应对全球气候变化、解决能源供需矛盾、保护生态环境等均具有重要作用，是推进我国能源生产和消费革命和能源转型的重要措施。

3.5.1 资源分类及产量

作为农业大国，我国生物质资源丰富，年产生量约 34.9 亿吨。我国生物质资源主要包括农林废弃物、有机生活垃圾、废弃油脂、藻类等，其中畜禽粪便约占

54%，农作物秸秆年产生量约占 24%，林业剩余物约占 10%，生活垃圾约占 9%。

随着畜禽养殖集约化程度持续提高和养殖规模不断扩大，我国畜禽粪便产生量大幅增加，年产生量达到 19 亿吨左右，其中猪、牛、羊、家禽粪便资源占主导地位，尤其是猪粪产生量占总量的 50% 以上。全国畜禽养殖规模较大的省份有河南、山东、四川等。

我国农作物秸秆年产生量约 8.3 亿吨，其中玉米、水稻、小麦三大粮食作物秸秆产生量分别为 37.2 亿吨、19.1 亿吨、14.7 亿吨，合计占全国秸秆产生总量的 84.8%。秸秆空间分布受地理环境和气候条件等因素影响，主要集中在东北、华北和长江中下游地区，总体呈现出"东高西低、北高南低"的阶梯状分布特征。

我国林业剩余物年产生量约 3.5 亿吨，包括林木采伐和造材剩余物、木材加工剩余物、森林抚育采伐和间伐剩余物、经济林修剪废弃物、竹材采伐和加工剩余物、城市园林绿化废弃物等。从空间分布看，东北和西南地区最为集中，其中广西产生量最大，年产量超过 3600 万吨。

我国城乡生活垃圾年清运量约 3.1 亿吨，其中城市生活垃圾清运量维持在 2 亿吨级以上，且保持持续上涨态势。城市生活垃圾处理率高，以焚烧发电和填埋为主。从空间分布看，我国城乡生活垃圾清运量东部最高，中部次之，西部最少；生活垃圾人均日产量北方高于南方，东部高于西部，与经济发展水平正相关等特点。

总体上看，我国农作物秸秆、农产品初加工剩余物、林业剩余物产生量大，是未来生物质能开发利用的重点。但由于我国农业生产以家庭承包为主，种植规模小而分散，农业生产茬口紧、季节性强，收集与运输成本高。林业废弃物产出相对集中，尚未形成规模化、规范化、集约化的专用能源利用基地。受制于我国土地、水资源等短缺，可利用的后备土地资源少，利用木薯、甘薯和甜高粱茎秆等非粮能源作物发展燃料乙醇的空间也很有限。

3.5.2　开发利用技术

生物质能利用形式多样，主要包括发电、供热、制备气体、固体和液体燃料等。目前，我国生物质能年利用量约 4.6 亿吨，可实现碳减排量达到 2.1 亿吨以上。

3.5.2.1　发电技术

生物质直燃发电技术：将农林生物质与过量空气在锅炉中燃烧，热烟气和锅炉的热交换部件换热，产生的高温高压蒸汽在蒸汽轮机中膨胀做功发电。生物质直燃发电的关键技术包括原料预处理、生物质锅炉防腐、抗结渣高效燃烧等。生物质锅炉燃烧方式分为固定床和流化床燃烧两种类型。固定床燃烧对生物质原料的预处理要求较低，生物质经过简单处理甚至无需处理就可以投入炉排炉内燃烧；

流化床燃烧要求将大块的生物质原料预先粉碎至易于流化的粒度，其燃烧效率和强度均高于固定床燃烧。

生物质混燃发电技术：将生物质原料应用于燃煤电厂中，实现生物质与煤耦合发电，主要包括直接混合燃烧、间接混合燃烧和并联混合燃烧技术。一般通过改造现有的燃煤电厂实现生物质混燃发电，在场内增加储存和加工生物质燃料的设备和系统，同时对原煤锅炉燃烧系统进行改造。直接混合燃烧发电技术通过生物质直接与煤混合燃烧后进行发电，间接混合燃烧发电技术将生物质气化为清洁可燃气体后与煤一起燃烧发电，并联混合燃烧技术采用生物质与燃煤在独立的燃烧系统中燃烧发电。

生物质气化发电技术：将生物质通过热化学转化制成可燃气体并进行净化，然后将其通入内燃机或小型燃气轮机燃烧发电。气化发电的关键技术之一是燃气净化。气化出来的燃气含有一定的杂质，包括灰分、焦油和焦炭等，需通过净化系统去除杂质，以保证发电设备的正常稳定运行；此外，要求气化炉对不同种类的生物质原料有较强的适应性。

3.5.2.2 供热技术

当前，各地积极探索，开展生物质清洁取暖改造试点，初步构建了集投资、建设、运营和综合服务于一体的商业化生物质供暖模式。我国中小型燃煤供热锅炉数量较多，生物质能供热今后有较大发展空间。供热技术主要有生物质成型燃料供热技术和秸秆打捆直燃供热技术。

生物质成型燃料供热技术：用专门设备将农林废弃物等生物质压缩为颗粒或块（棒）状燃料，便于存储和运输。作为配套，我国研制成型燃料炊事炉、炊事取暖两用炉、生物质锅炉等，建成了多个万吨级生物质成型燃料供热示范基地。

秸秆打捆直燃供热技术：将松散的秸秆打捆后作为燃料燃烧的技术过程，是一种较好的生物质燃烧利用方式。捆烧技术大体可分为间歇式燃烧锅炉系统与连续燃烧系统两种。目前，国内推广的秸秆直燃锅炉热效率可达到80%以上，与同等吨位的燃煤锅炉相当。由于秸秆含硫量低，燃烧后对炉体和排烟系统腐蚀性小，锅炉寿命可达20年。

3.5.2.3 燃气技术

发展生物质天然气等规模化沼气/气化工程，有利于构建分布式清洁燃气生产消费体系，对有效治理县域生态环境污染、增加国内天然气供应、提高能源安全保障程度具有重要意义。

沼气/生物天然气技术：以农作物秸秆、畜禽粪便、餐厨垃圾、农副产品加工废水等各类有机废弃物为原料，经厌氧发酵以及后续的净化提纯产生清洁的燃气，厌氧发酵过程中产生的沼渣沼液可生产有机肥。我国沼气工程以畜禽粪便与秸秆为主要原料，技术上以湿法发酵为主，并成功研制了沼气发电机组、厌氧发酵罐、自动控制系统、沼气脱硫脱水设备、沼液固液分离装置等已形成系列化成熟产品。

生物质热解气化技术：通过热解气化装置的热化学反应，将秸秆、果木剪枝和有机垃圾等低品位生物质转换成高品位的可燃气。目前，我国主要有固定床生物质热解技术和移动床生物质热解技术。移动床生物质热解技术能够连续生产，即生物质原料可连续喂入热解设备，同时，热裂解产品生物炭、可燃气和木焦油等也可连续排出。与固定床生物质热解技术相比，移动床生物质热解技术具有生产连续性好、生产率高、过程控制方便、产品品质相对稳定等优点，代表了我国生物质热解技术的未来发展方向。

3.5.2.4 液体燃料技术

我国人口基数大，耕地资源紧缺，粮食供需处于紧平衡状态，未来以粮食为原料的燃料乙醇产业发展存在极大的不确定性。

生物航煤技术：生物航煤原料主要有小桐子油、亚麻油、海藻油、棕榈油、餐饮废油等。航空喷气燃料从开发到应用需按严格规定程序进行研究和试验，经过一系列复杂程序后，方可批准投入使用。加氢法以动植物油脂为原料，经加氢改质生产航空生物燃料。

燃料乙醇技术：目前我国燃料乙醇的制备分为三类，第1代的粮食乙醇生产技术、第1.5代的非粮乙醇、第2代的纤维素乙醇。第1代和第1.5代的燃料乙醇均属于淀粉基乙醇，即将原料中的可发酵糖直接发酵制取乙醇。纤维素乙醇（第2代）是将纤维素原料经预处理后，通过高转化率的纤维素酶，将原料中的纤维素转化为可发酵的糖类物质，然后经特殊的发酵法制造燃料乙醇。纤维素乙醇目前商业运行仍面临预处理效率低、纤维素酶成本高等瓶颈，一些示范项目由于经济目标无法达成而停产或出售。目前我国燃料乙醇的产业链处于转型期。

生物柴油技术：通常分为酶催化法、超临界或近临界法、酸催化法和碱催化法，整体技术较成熟。我国生物柴油的主要原料是废弃油脂和地沟油，国内民营企业主要采用先将均相酸催化预酯化，降低酸值，然后均相碱催化酯交换，制备生物柴油。近年来，业界尝试通过催化加氢工艺得到成分类似于石油基柴油的燃料，被称为"绿色柴油"。其生产工艺主要有独立加氢工艺和共加氢工艺。与传统生物柴油相比，绿色柴油十六烷值高，低温流动性好，与石油基柴油相容性更好；但收率略低，且投资成本是传统生物柴油的1.5倍，目前推广应用有限。

3.5.2.5　原料可持续供应保障技术

原料可持续供应保障是我国生物质能产业化发展的重要保障。近年来，基于农业现代化发展方向，农林生物质资源可持续供应呈现出工业化、规模化、机械化的发展趋势。我国水稻、小麦秸秆的主要机械化收集技术为田间直接收集打捆＋固定式打包和自走式秸秆捡拾打捆机设备；玉米秸秆收集还主要以人工为主；棉秆收获技术装备主要为切割式联合收获机械和捡拾式棉秆联合收获机械。

3.5.3　未来技术需求分析

近年来，绿色、低碳发展理念逐步深入，我国对清洁能源应用、环境保护要求不断提高，新形势下对生物质发电产业发展提出了更高要求。未来在兼顾已有项目向热电联产升级转变的同时，生物质液体燃料以及制气等方向发展是生物质利用的重要发展趋势。

在生物质发电方面，未来向分布式、能源梯级化利用发展。亟需积极推动生物质分布式能源系统建设，通过生物质热电联产项目充分解决农林生物质资源处理问题，满足区域性供热需求，设计最优的生物质热电联产系统方案及发电设备，提高生物质气化热电联产系统的发电效率和热能综合利用效率，实现生物质热电联产商业化应用。

在生物液体燃料方面，为推动液体燃料技术和产业的发展，我国明确提出"推行先进生物液体燃料清洁能源交通工具，降低交通运输领域清洁能源用能成本"的战略任务，进一步提高交通领域对生物液体燃料的需求。在生物柴油方面，目前酯交换法是制备生物柴油最为广泛的生产方法，酯交换的关键是催化剂，由于传统的均相酸碱催化存在腐蚀性和环境污染问题，非均相催化目前受到青睐，可以克服均相催化剂的缺点，超临界甲醇和酶催化的研究也逐渐成为研究热点。在生物乙醇方面，第一代生物燃料乙醇主要由淀粉和糖含量高的粮食作物产生，但会出现与粮食生产争夺水和耕地等问题，木质纤维素材料来源丰富、价格低廉，可支撑纤维素乙醇的巨大生产，是最有前景的乙醇发酵原料。

在生物制气方面，有望成为重点发展的生物质能新兴产业。我国为满足国内企业、家庭等对天然气的需要，对进口依赖程度愈发严重。发展生物天然气，有利于增加天然气自主供应、降低进口依存度，是能源进口国大力开发生物天然气的强大动力之一。随着各国环保标准日益趋于严格以及发展中国家对天然气需求的持续提高，生物天然气产业将逐步进入快速发展阶段。在生物沼气方面，沼气厌氧消化技术已经成熟，进一步研究的关键是优化，可通过厌氧共消化、原料预处理、加入厌氧消化促进剂等提高产气的稳定性和甲烷的含量。在生物质制氢方面，主要有热化学法和生化法两种途径，热化学转化中气化制氢和蒸汽重整是研究重点，生化转化中暗发酵生物制氢技术领域研究也一直是生物制氢研究的热点和产业化应用的突破方向。

3.6　地热能

3.6.1　资源潜力与分布

作为一种新型绿色可再生能源，地热能受到越来越多的关注。地热能资源按赋存状态，可分为浅层地热能、水热型地热能和干热岩型地热能；按成因可分为现（近）代火山型、岩浆型、断裂型、断陷盆地型和凹陷盆地型地热资源等；按构造成因，可分为沉积盆地型和隆起山地型地热资源；按热传输方式，可分为传导型和对流型地热资源；按温度可分为高温（<150℃）、中温（90~150℃）和低温（25~90℃）地热资源，150℃以上的高温地热资源主要在地壳表层各大板块的边缘，如板块的碰撞带、板块开裂部位和现代裂谷带，150℃以下的中低温地热资源则分布于板块内部的活动断裂带、断陷谷和凹陷盆地地区。

我国的地热能资源极为丰富，据中国地质调查局调查评价结果，全国336个地级以上城市浅层地热能年可开采资源量折合7亿吨标准煤，全国水热型地热资源量折合1.25万亿吨标准煤，年可开采资源量折合19亿吨标准煤，埋深在3000米至1万米的干热岩资源量折合856万亿吨标准煤。

浅层地热能和干热岩型地热资源则分布广泛，水热型地热分布则相对集中。高温地热区主要可分为两个区域，一是我国藏南、滇西和川西地区，二是我国台湾地区；中低温地热主要分布在我国的华北、河淮、西宁以及苏北等多个盆地地区，松辽、江汉平原等多个区域均有分布。

由于地层结构构造和水文地质条件等原因，我国地热能分布极为不均衡，资源勘查和开发利用技术亟待提高，开发利用面临巨大挑战。

3.6.2　开发利用技术

地热能开发利用技术是涉及多学科、多领域的综合性技术，包括资源勘查与评价、钻完井、储层压裂改造、尾水回灌、梯级利用、换热和保温、防腐防垢、热泵和发电、地面工程、运行管理等技术。我国地热发电成套技术相对落后，直接利用技术处于国际领先。

地热能资源勘查技术：形成了全国地热资源选区评价技术、重点区带地热资源精细评价技术。通过对盆地构造、地层等方面的深入研究，明确盆地不同构造单元内的"源、通、储、盖"和水循环条件，优选盆地内的地热富集区带。在分析不同类型地热田的概念模型的基础上，根据热储的规模、埋深、温度、流体组分等方面的综合评价，计算地热资源量，并对地热田进行等级划分，优选有利目标区。近年来，地热能赋存的地质与地球物理特征综合系统研究能力和水平、三维地震地质结构模型精细刻画技术取得长足进步，提高了水热型和干热岩型地热能资源靶区优选和钻孔定位的精度和效率。

干热岩型地热开发技术：地壳中干热岩所蕴含的能量相当于全球所有石油、天然气和煤炭所蕴藏能量的 30 倍，是一种可再生能源，是地热发电领域新的突破点。干热岩型地热能的应用过程是构建注采井网，将注入井进行压裂改造，形成裂缝系统。将高压水从加压井向下泵入，水流过热岩中的人工裂隙而过热（水、汽温度可达到 150~200℃），并从生产井泵上来，在地面用于发电，发电后尾水再次通过高压泵注入地下热交换系统，进行循环利用。该系统通常称为增强型地热系统（Enhanced Geothermal System，EGS）。

浅层地热能利用技术：地源热泵是以岩土体、地层土壤、地下水或地表水为低温热源，采用热泵原理形成可供热、可制冷的高效节能空调系统。冬季时期将地能中的热量提取出来供给室内采暖；夏季则将室内的热量释放到地热能中。该技术环境效益显著、经济有效、应用范围广、可再生能源利用。根据交换系统形式的不同，地源热泵系统又被分为地埋管地源热泵系统、地下水地源热泵系统和地表水地源热泵系统。

地热钻井技术：地热钻井是勘查、开采地热能必备的手段。以查明热储层类型、分布、埋藏条件、渗透性、地热流体质量、温度及压力，地热井的生产能力为重点，充分收集地质、地球物理、地球化学勘查资料，选择地热资源勘查开发典型地段部署钻探工程；勘查深度根据主要热储类型、埋藏深度、开采技术经济条件即市场需要确定，对于天然出露的带状热储类型，勘查深度一般控制在 1000 米以内。地热勘查应实行"探采结合"的原则，探采结合井是目前采用较多的一种钻井类型。经地质勘查钻孔能成井开采利用的按成井技术要求实施钻井地质编录、测井、完井试验与地质资料数据整理，并按地质勘查要求，全面准备各项地热地质资料。

地热发电技术：地热发电是利用地下热水和蒸汽为动力源，根据能量转换原理，首先把地热能转换为机械能，再把机械能转换为电能的一种新型发电技术。中国第一个地热发电项目是羊八井项目。羊八井地热田位于拉萨市西北当雄县境内，在冬季枯水季节，地热发电量占拉萨电网的 60%。地热发电技术飞速发展，种类繁多，主要包括干蒸汽发电、扩容式蒸汽发电、双工质循环发电和卡琳娜循环发电等。由于蒸汽朗肯循环发电技术循环效率较低，双工质循环和卡琳娜循环发电技术系统较为复杂，目前新型的联合循环发电技术是地热发电技术的发展方向。

总体上，我国地热能产业正处于蓬勃发展但发展不平衡的时期，中深层地热供暖面积增长较快，发电指标完成情况受资源分布地域特点影响，与规划目标差距最大。高温资源分布集中及低温地热发电技术遭遇瓶颈问题，地方投资地热发电的积极性不高，资源勘查程度不足限制了地热发电的地理空间拓展。受限于开发利用，我国地热资源勘查程度普遍偏低，尤其是高温地热资源丰富的区域。按照目前的技术水平，地热发电仅适合温度在150℃以上的高温水热型地热资源，而此类资源在我国的分布主要集中在西南地区，其他地区的地热分布多以中低温为主，地方政府在地热发电方面并不积极。

3.6.3　未来技术需求分析

地热能资源的形成和富集严格受到地热地质条件，尤其是壳幔结构、深大断裂发育、新生代构造事件和岩浆活动等因素的影响，地热资源在不同地区地壳中的分布极为不均，地质条件和资源品质差异极大，这就给地热能资源的勘探和开发带来了极大的不确定性和前所未有的挑战，需要在地热能勘探、开发和高效利用等方面开展深入的研究。

在地热能勘查技术方面，面临着可采地热能资源评价精度低、高温钻井工艺不成熟、资源利用效率低等问题。国内深部高温地热资源开发利用起步较晚，耐高温钻具、井下测量工具等部件和耐高温固井水泥材料尚待研发，高温硬岩环境的压裂改造技术需要突破。随着地热能发展需求的增加，将会对中深部地热异常区投入大量的勘查开发以获得更清晰详细的资源认知。在中深层地热资源区资源逐步被发现和利用的同时，伴随勘查技术、钻井技术的进步，地热能资源勘查开发将不局限在地热异常或者埋藏较浅的区域，实现全面发展。

在地热能供暖方面，浅层和中深层地热供暖规模均将实现进一步快速增长。地热清洁供暖对碳减排和大气污染防治效果十分突出，且地热供暖在无补贴的条件下已具备较煤炭、燃气、电供暖的价格优势。"双碳"目标的大背景下，清洁供暖需求空间广阔。受城市建设的推进及生活水平的提高，我国南方夏热冬冷地区供暖制冷需求将大增。

在地热能发电方面，主要受技术成熟度和经济性的影响，未来随着钻井成本的降低、地面发电机组系统技术的进步和适当补贴政策的推动，地热能发电将迎来蓬勃发展。干热岩发电方面，"十四五"期间将实现青海共和盆地干热岩发电的试验；远期伴随更多干热岩资源的勘查突破和技术进步，将可能成为新能源发电的重要增长领域。

3.7 氢能

人类的能源利用一直朝着低碳的方向在发展，氢能是一种来源丰富、绿色低碳、应用广泛的二次能源，正逐步成为全球能源转型发展的重要载体之一。氢能是未来碳中和能源体系的重要组成部分，是用能终端实现绿色低碳转型的重要载体，也是战略性新兴产业和未来产业重点发展方向。发展氢能有利于实现大规模可再生能源的高比例消纳，有利于实现终端难减排领域的碳中和，氢能能够将气、电、热等网络有机联系起来，构建清洁、低碳、安全、高效的能源体系。

3.7.1 资源分布与储量

我国氢气产能主要集中在西北、华北和华东地区，产能分别为 1607 万吨/年、1021 万吨/年和 940 万吨/年，占比分别为 63.55%、21.18% 和 13.76%；华南、西南和东北地区产能分别为 499 万吨/年、335 万吨/年和 195 万吨/年，占比分别为 12.30%、8.26% 和 4.81%。

据中国氢能联盟统计，我国 2019 年产氢量 3342 万吨。从生产原料看，主要包括煤炭、天然气等化石能源以及工业副产氢。其中煤制氢产量达到 2124 万吨，占比 63.5%；工业副产氢 708 万吨，占比 21.2%；天然气制氢 460 万吨，占比 13.8%；电解水制氢产量约 50 万吨，占比不到 1%。产能主要集中于西北、华北和华东地区，合计占比 75%；从消费结构看，我国多数氢气用于合成甲醇、合成氨和石油炼化，少量作为工业燃料使用。从 2019 年氢气终端消费来看，合成氨是最大下游消费领域，需求量占比 32.3%，约 1079 万吨；生产甲醇（包括煤经甲醇制烯烃）需求量占比 27.2%，约 910 万吨；石油炼化与煤化工需求量占比 24.5%。交通领域需求量占比 < 0.1%，可以忽略不计。

为实现"双碳"目标，必须提高我国能源供给侧可再生能源比例，推动能源行业减煤减碳。氢能具有大规模、存储时间长、便于远距离输运的优点，利用可再生能源谷电通过电解制氢生产零碳排放的绿色氢能，变输电为输氢，可有效解决大规模可再生能源发电消纳和外送问题。据预计，2030 年将有超 1.8 亿千瓦可再生能源发电专门用于离网模式制氢，合计可以提供绿氢约 1100 万吨/年；预计到 2060 年，将有 15 亿千瓦可再生能源发电用于离网模式制氢，合计可以提供绿氢约 10000 万吨/年，为"双碳"目标的实现提供了坚实的绿色能源保障。

3.7.2 开发利用技术

氢能的开发与利用分为三大环节：上游制备、中游储运、下游应用（图 3.3）。

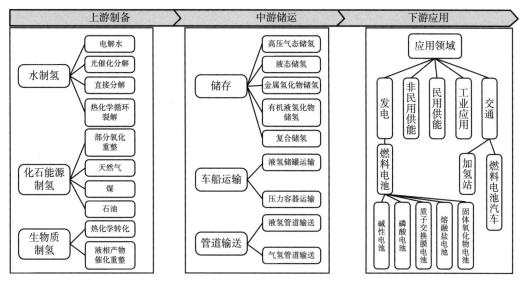

图 3.3 氢能产业链

3.7.2.1 制备

制备氢气的主要技术有传统化石能源制氢、工业副产品制氢、电解水制氢、生物质制氢等。氢的能源属性决定目前以低成本的化石能源制氢为主，美国主要通过无二氧化碳捕集技术的天然气制氢；欧盟主要氢源由天然气重整和化工副产氢提供；国内以煤制氢为主，但可再生能源制氢是未来发展方向，我国目前在可再生能源制氢技术水平和市场化应用均与国外有一定的差距。

传统化石能源制氢：包括煤气化制氢、天然气重整制氢等。煤气化制氢是先将煤或煤焦气化，得到以氢气和一氧化碳为主要组分的煤气，再经过净化、变换以及提纯等过程，获得一定纯度的氢气。天然气重整制氢是从天然气中生产氢的最普遍的方法，包括蒸汽重整（使用水作为氧化剂和氢的来源）、部分氧化（使用空气中的氧气作为氧化剂）或两者结合的自热重整。

工业副产品制氢：指在生产化工产品的同时得到的氢气，主要有焦炉煤气、氯碱化工、丙烷脱氢等工业的副产氢。变压吸附提纯技术是当前提纯工业副产氢的主流工艺，该技术发展成熟、自动化程度高、适用范围广，既适用于化石原料制氢的净化提纯，也适用于对焦炉煤气、氯碱等工业副产氢提纯。焦炭生产过程产生大量焦炉煤气，其中氢气含量约40%，可利用变压吸附提纯技术生产氢气。丙烷脱氢是丙烯生产工艺路线之一，通常采用变压吸附提纯氢。

电解水制氢：对于可再生能源电解水制氢而言，降低电费会显著降低成本，而从长远来看，可再生能源的持续大规模发展会使其发电成本越来越低。电解槽是水电解制氢的核心设备。目前，电解槽主要有碱性电解槽、质子交换膜电解槽和固体氧化物电解槽三类。碱性电解技术已经实现大规模工业应用，国内关键设备主要性能指标均接近国际先进水平，设备成本较低，单槽电解制氢产量较大易适用于电网电解制氢。质子交换膜电解技术国内较国际先进水平差距较大，体现在技术成熟度、装置规模、使用寿命、经济性等方面。固体氧化物电解池（SOEC）是固体氧化物燃料电池（SOFC）的逆过程，随着电解运行温度提高，电解所需要的电能逐渐减小，单位产氢的能耗大大降低，明显低于传统碱性和PEM电解技术；SOEC还可以电解二氧化碳或共电解制合成气，进一步制甲烷、甲醇等，实现碳循环；因此SOEC在实现大规模可再生能源电力转化、长周期存储的同时，还能够转化利用二氧化碳，为交通及化工提供绿氢和甲烷、甲醇、氨气等，为"氢2.0"提供技术支撑。但SOEC电解技术尚未广泛商业化，丹麦Topsoe公司大力发展高温电解技术，计划2030年实现SOEC技术商业化，国内目前仅在实验室规模上完成验证示范。

生物质制氢：在生物化学过程中，微生物利用有机物质产生沼气（厌氧消化过程）或酸、醇和气体的混合物（发酵）。生物质的热化学气化是一个过程，其工作原理很像煤炭气化，将生物质转化为一氧化碳、二氧化碳、氢和甲烷的混合物。厌氧消化生产沼气是这些工艺中技术最成熟的，但只能处理污泥、农业、食品加工和生活垃圾，以及一些能源作物。发酵可以处理某些植物的非食用纤维素部分。气化可能会转化所有的有机物，特别是生物质中的木质素成分。

3.7.2.2 储运

氢能产业的中游是氢气的储运环节，储氢技术主要包括高压气态储氢、液态储氢、固态储氢（表3.5）；输运方式主要有气态输运、液态输运和固态输运（表3.6）。目前主要的商品氢基本都采用压缩氢气的方式进行储存和运输，液氢除了在航天领域，在民用上基本是空白。国内35MPa加氢站技术已趋于成熟，加氢站的设计、建设以及三大关键设备（45MPa大容积储氢罐、35MPa加氢机整机和45MPa隔膜式压缩机）均已实现国产化。

表3.5　不同储氢技术对比

储氢技术	高压气态储氢（70MPa）	低温液态储氢	有机液态储氢	金属氢化物储氢
体积密度（kgH_2/m^3）	39	70	56	45
质量储氢密度（%）	1.0~5.7	5.7	5.0~7.2	1.0~4.5
成本	较低	很高	较高	低

续表

储氢技术	高压气态储氢（70MPa）	低温液态储氢	有机液态储氢	金属氢化物储氢
循环利用性能	气罐使用年限为 15 年	蒸汽损耗 1wt%/d	介质循环性能好	高度反应可逆性
操作简易性	简单	难	简单	简单
安全性	可控	可控	安全	安全
运输便利性	方便	较方便	可长途运输	十分方便
技术成熟度	成熟	较成熟	不够成熟	比较成熟
国内应用	最常用的技术	国外大范围应用 国内仅航天航空	少，技术攻关	小范围应用

表 3.6　氢气主要运输方式比较

	运输量范围	应用情况	优缺点	经济运输距离（km）	单位氢气运输成本（元 / 吨·km）
长管拖车	250~460kg/ 车	广泛用于商品氢运输	运输量小，不适宜远距运输	＜ 300	24.66~32.66
气氢管道	310~8900kg/h	主要用于化工厂，未普及	一次性投资成本高，运输效率高	受运输量影响	—
液氢槽车	360~4300kg/ 车	国外广泛应用，国内仅用于航天液氢输送	液化投资大，能耗高，设备要求高	300~600	13.73~24.74

高压气态储氢： 指在氢气临界温度以上，通过高压压缩的方式存储气态氢。通常采用气罐作为容器，简便易行，其体积密度大致为 39 千克 / 立方米，储氢密度为 4.8wt.%。主要优点是存储能耗低、成本低（压力不太高时）、充放氢速度快，在常温下就可进行放氢，零下几十度低温环境下也能正常工作，而且通过减压阀就可以调控氢气的释放。高压气态储氢已成为较为成熟的储氢方案。

液态储氢： 将纯氢冷却液化，然后装到低温储罐储存，可分为低温液态储氢和有机液体储氢。其体积密度大致为 70 千克 / 立方米，储氢密度一般大于 10wt.%。为避免或减少蒸发损失，液态储氢罐必须是真空绝热的双层壁不锈钢容器，双层壁之间除保持真空外还要放置薄铝箔来防止辐射。液态储氢技术具有储氢密度高的优点。

固态储氢： 以金属氢化物、化学氢化物或纳米材料等作为储氢载体，通过化学吸附或物理吸附的方式实现氢的存储。金属氢化物储氢是利用某些金属或合金与氢反应，以金属氢化物形式吸氢，生成的金属氢化物加热后释放出氢，其体积密度大致为 45 千克 / 立方米，储氢密度目前一般为 2wt.% 左右。金属氢化物储氢能有效克服高压气态和低温液态两种储氢方式的不足，储氢体积密度大、操作容易、运输方便、成本低、安全等，适合在燃料电池汽车上使用。

气态输运： 高压气态输运分为长管拖车和管道输运。氢气在高压下可以装储于压力容器中，放在长管车用牵引卡车或船舶中做较长距离的输送，长管拖车每车能运输 250~460 千克氢气，是氢气近距离输运的重要方式，技术较为成熟。目前，高压储氢技术发展很快，新型的储氢高压容器采用铝合金做内胆，外缠高强度碳纤维，再经树脂浸渍，固化处理而成。这种高压储氢要比常规的钢瓶轻很多，其耐压高达 35 兆帕，是目前已商业化的高压氢气瓶，广泛用于燃料电池公共汽车和小轿车。压力高达 70 兆帕的储氢瓶样品也已经问世，预计很快会商品化。管道输运是实现氢气大规模、长距离运输的重要方式，具有输氢量大、能耗小和成本低等优势，但建造管道一次性投资较大，在初期可积极探索掺氢天然气方式，以充分利用现有管道设施。

液态输运：将氢气于 –253℃ 的低温下转化为液体形态，采用槽罐车进行运输，分为液氢槽车运输和液氢管道输运。相对于高压气态运输，液态氢具有更高的体积能量密度，因而运输效率大幅度提升；由于液氢是一种低温（–250℃）的液体，其储存的容器及输液管道需带有高度的绝热性能，绝热结构会有一定的冷量损耗，管道容器的绝热结构比较复杂，液氢管道一般只适用于短距离输送。目前，液氢输送管道主要用在火箭发射场内。

固态输运：轻质储氢材料（如镁基储氢材料）兼具高的体积储氢密度和重量储氢率，作为运氢装置具有较大潜力。低压高密度固态储罐仅作为随车输氢容器使用，加热介质和装置固定放置于充气和用气现场，可以同步实现气的快速充装及其高密度高安全输运，提高单车运氢量和运氢安全性。

需要说明的是，相对来说氢能不利于存储、液化成本高等难题限制了氢能远距离输送，目前全球正进入"氢 2.0"时代，氢能产业向绿氨、绿色甲醇方向发展。美国、日本、阿联酋、澳大利亚等国已将"氨"纳入其政府能源战略。"氢经济"与"甲醇经济"也是能源革命的重要组成部分。

3.7.2.3 应用

氢气的应用以燃料电池为主，燃料电池目前在发电、交通、民用供能、工业等领域都有应用。氢气可以通过直接燃烧或电化学转化进行利用，其中电化学转化主要是通过燃料电池技术。

燃料电池按电解质不同可分为碱性燃料电池、质子交换膜燃料电池、磷酸燃料电池、熔融碳酸盐燃料电池、固体氧化物燃料电池等（表 3.7）。从商业应用上来看，质子交换膜燃料电池和固体氧化物燃料电池是当前最主要的燃料电池技术路线。质子交换膜燃料电池（PEMFC）采用高纯氢作为燃料，能够将氢气的化学能直接转化为电能，是一种先进的清洁高效发电技术，具有发电效率高、无污染、无噪声、冷启动快以及比功率高等优点，已进入商业化导入期，是目前发展最成熟的燃料电池技术。固体氧化物燃料电池（SOFC）属于第三代燃料电池，是一种在中高温下直接将储存在燃料和氧化剂中的化学能高效、环境友好地转化成电能的全固态化学发电装置，工作温度一般在 600~800℃，采用粗氢及碳氢燃料，能量转化率高，一次发电效率可达 60%，热电联供效率可达 90%，寿命可以达到80000h，在大型集中供电、分布式发电、热电联供乃至交通领域都有广泛应用。

表 3.7　燃料电池分类

类型	电解质	导电离子	工作温度（℃）	燃料	氧化剂	技术状态	可能应用领域
碱性	KOH	OH^-	50~200	纯氢	纯氧	高度发展、高效	航天，特殊地面应用
质子交换膜	全氟磺酸膜	H^+	室温 ~120	氢气，重整气	空气	高度发展，降低成本	电动汽车，潜艇推动，移动动力源
磷酸	H_3PO_4	H^+	100~200	重整氢	空气	高度发展，成本高	特殊需求，区域供电
熔融碳酸盐	（Li，K）CO_3	CO_3^{2-}	650~700	净化煤气；天然气；重整氢	空气	正进行现场实验，需延长寿命	区域供电
固体氧化物	氧化钇稳定的氧化锆	O^{2-}	600~800	净化煤气；天然气	空气	电池结构选择，开发廉价制备技术	区域供电，联合循环发电

3.7.3　未来技术需求分析

在氢气的制取方面，电解水制氧纯度等级高，杂质气体少，易与可再生能源结合，被认为是未来最有发展潜力的绿色氢能供应方式。近年来，我国水电、风电、太阳能发电等可再生能源发电规模逐渐增加，可再生能源发电电解水制氢是一种近零碳排放的制氢方式，同时也是一种有效的储能方式，能够提高可再生能源的利用率。

在氢气的储运方面，由于运输距离及资源禀赋的不同，不同储运方式将并行发展。未来应提高储氢压力，通过规模化生产降低成本。面向大规模的液氢生产需求，未来应提高氢液化系统效率，通过改善预冷液化循环、改进压缩机和膨胀机工艺设备等途径，降低氢液化系统的综合能耗和投资成本。管道运输要合理选材，稳定氢气需求，提高运能利用率；由于建造管道一次性投资较大，在初期可积极探索掺氢天然气方式，以充分利用现有管道设施。

在氢气的应用方面，燃料电池作为氢能的转化装置，是氢能终端应用的关键技术。其中，固体氧化物燃料电池的发电效率最高，寿命最长，可以直接利用天然气等含氢燃料，是目前固定式燃料电池中最具发展前景的技术。我国氢能在燃料电池终端应用技术方面与国际先进水平相比仍有较大的差距，燃料电池的高昂成本和寿命制约着氢能技术的商业化，降低电池成本和提高电池寿命是燃料电池技术发展趋势。

在交通应用方面，以重卡、公交等为代表，将是氢能消费的重要突破口，实现从辅助能源到主力能源的过渡。在商用车领域，燃料电池商用车销量预计2030年达到36万辆，2050年有望达到160万辆。在乘用车领域，2030年和2050年燃料电池乘用车销量在全部乘用车销量中的比重有望达到3%和14%。到2050年，交通领域氢能消费达到2458万吨/年，折合1.2亿吨标准煤/年；其中，货运领域氢能消费占交通领域氢能消费的比重高达70%，是交通领域氢能消费增长的主要驱动力。

在新兴领域，随着国内钢铁冶金行业碳排放的逐步增加，相关企业也开始着手布局氢冶金，宝武集团、河钢集团、酒钢集团、天津荣程集团、中晋太行、建龙集团等相继开展相关氢冶金的研究及项目建设。船舶行业每年的碳排放量为11.2亿吨以上，约占世界 CO_2 排放总量的4.5%，国际海事组织目标到2050年将航运业的 CO_2 排放量比2008年减少50%，氢能船舶或是氢燃料电池示范推广的下一个"风口"。储能方面，我国氢储能起步较晚，在2019年之前多处于实验室研发阶段。2019年8月，我国首个MW级氢储能项目——安徽省六安市1MW分布式氢能综合利用站电网调峰示范项目成功签约。2021年，国家发改委、能源局把"氢储能"明确纳入创新储能技术。

因此，未来10~20年将是我国氢能源产业发展的重要机遇期，需紧密联系我国能源发展实际，通过改革创新破解发展难题，助力实现氢能源产业高质量发展。

3.8 本章小结

光伏发电、风电、水电、核电技术成熟，已经实现规模化开发利用，以发电利用为主。光伏发电、风电装机规模连续多年世界第一，连同水电、核电是我国主要的清洁能源发电来源。

生物质能、地热能、氢能等清洁能源有待于进一步产业化，生物质耦合发电存在计量困难、补贴标准不明确等问题，在一定程度上影响了产业发展，地热资源勘查程度不足限制了地热发电的地理空间拓展。氢能产业链较长，面临着储运难题，一定程度阻碍了其发展。

未来太阳能电池向着更高效率、更低成本、更安全性的方向发展，超临界二氧化碳热发电成为研究热点；风电装备向着大型化、智能化、数字化方面发展，风电控制向着智能化以及支撑电网构建频率、电压等方向发展；水电将从水风光互补、支撑新型电力系统建设、梯级水电储能工厂等多方面开拓新发展；核能方面，开发满足更高安全标准、智能化的先进核能系统成为发展趋势。

生物质能未来在兼顾已有项目向热电联产升级转变的同时，生物质液体燃料以及制气等是生物质利用的重要发展趋势；地热能需要在地热能勘探、开发和高效利用等方面开展深入的研究；氢能将成为未来碳中和能源体系的重要组成部分，可再生能源的持续大规模发展会不断降低绿氢的成本，绿氢将成为未来发展方向。

参考文献

[1] 黄其励，倪维斗，王伟胜，等. 西部清洁能源发展战略研究 [M]. 北京：科学出版社，2019.

[2] 王志峰. 太阳能热发电站设计 [M]. 北京：化学工业出版社，2019.

[3] 朴政国，周京华. 光伏发电原理、技术及其应用 [M]. 北京：机械工业出版社，2020.

[4] 李灿. 太阳能转化科学与技术 [M]. 北京：科学出版社，2020.

[5] 张旭军，孙勇. 太阳能光伏—光热互补利用技术研究综述 [J]. 河北建筑工程学院学报，2021，01（24）：1008-4185.

[6] 李美成，高中亮，王龙泽，等. "双碳"目标下我国太阳能利用技术的发展现状与展望 [J]. 太阳能，2021（11）：6.

[7] 施晶莹，李灿. 太阳燃料：新一代绿色能源 [J]. 科技导报，2020，38（23）：39-47.

[8] 刘启斌. 中低温太阳热能与甲醇重整互补制氢实验研究 [J]. 工程热物理学报，2008，29（3）：361-365.

[9] 黄其励. 风能技术发展战略研究 [M]. 北京：机械工业出版社，2020.

[10] 王伟胜. 新能源并网与调度运行技术丛书 [M]. 北京：中国电力出版社，2019.

[11] 王舒鹤. 中国水电发展的现状与前景展望 [J]. 河南水利与南水北调，2021，50（7）：2.

[12] 李莹，孙玉兵. 我国核电发展现状、问题和建议 [J]. 当代化工研究，2021（22）：175-177.

[13] 孟照鑫，何青，胡华为. 我国氢能产业发展现状与思考中国氢能源及燃料电池产业发展报告现代化工 [J]. 2022，42（1）：1-6.

[14] 钟财富. 氢能产业有序发展路径和机制 [M]. 北京：中国经济出版社，2021.

[15] 周颖，周红军. 中国钢铁工业低碳绿色生产氢源思考与探索 [J]. 化工进展，2022（2）：1073-1077.

[16] 俞红梅，邵志刚. 电解水制氢技术研究进展与发展建议 [J]. 中国工程科学，2021，23（2）：146-152.

[17] 吴朝玲. 氢气储存和输运 [M]. 北京：化学工业出版社，2021.

[18] 尚娟，鲁仰辉. 掺氢天然气管道输送研究进展和挑战 [J]. 化工进展，2021（10）：

5499–5505.

[19] 蒋利军. 加快固态储氢技术创新和应用 [J]. Engineering, 2021, 7 (6): 66–71.

[20] 陈学东, 范志超, 崔军, 等. 我国压力容器高性能制造技术进展 [J]. 压力容器, 2021, 38 (10): 1–15.

[21] 衣宝廉, 俞红梅, 侯中军. 氢燃料电池 [J]. 国企管理, 2021 (14): 18.

[22] 谭旭光, 余卓平. 燃料电池商用车产业发展现状与展望 [J]. 中国工程科学, 2020, 22 (5): 152–158.

[23] 王芳, 刘晓风. 生物质资源能源化与高值利用研究现状及发展前景 [J]. 农业工程学报, 2021, 37 (18): 219–231.

[24] 马隆龙. 生物质资源化利用重在 "负碳排放" [N]. 中国科学报, 2021-01-05.

[25] 丛宏斌. 中国农作物秸秆资源分布及其产业体系与利用路径 [J]. 农业工程学报, 2019, 35 (22): 132–140.

[26] 田宜水. 我国生物质经济发展战略研究 [J]. 中国工程科学, 2021, 23 (1): 133–140.

[27] 邰保平, 赵金昌, 赵阳升, 等. 高温岩体地热钻井施工关键技术研究 [J]. 岩石力学与工程学报, 2011, 30 (11): 2234–2243.

[28] 多吉, 王贵玲. 我国地热资源开发利用战略研究 [M]. 北京: 科学出版社, 2017.

[29] 王贵玲, 杨轩, 马凌, 等. 地热能供热技术的应用现状及发展趋势 [J]. 华电技术, 2021, 43 (11): 15–24.

[30] 汪集旸. 中国大陆干热岩地热资源潜力评估 [J]. 科技导报, 2012, 30 (32): 25–31.

[31] 李翔. 地热发电技术及其应用前景 [J]. 新型工业化, 2021, 11 (3): 167–168.

第4章　清洁能源的关键支撑技术

为促进清洁能源的规模化发展，需要大力推进以新型电力系统、综合能源系统、储能和碳捕集、利用与封存等为代表的关键支撑技术，进一步提升清洁能源的利用能力。本章将对上述内容进行介绍。

4.1　新型电力系统

2021年3月，中央财经委员会第九次会议明确指出"十四五"是碳达峰的关键期、窗口期，要构建清洁低碳安全高效的能源体系，控制化石能源总量，着力提高利用效能，实施可再生能源替代行动，深化电力体制改革，构建以新能源为主体的新型电力系统。由此可见，新型电力系统成为清洁能源发展的重要支撑技术之一。

4.1.1　概述

新型电力系统以新能源为供给主体，深度融合低碳能源技术、现代信息通信与控制技术，以太阳能、风能等新能源发电为供给主体，以坚强智能电网为配置平台，以源网荷储互动和多能互补为重要支撑，具有清洁低碳、安全可控、灵活高效、开放互动、智能友好等特征。构建新型电力系统不仅能够满足多领域新能源和多元负荷广泛接入的需要，而且能够促进资源高效、安全、灵活配置，提高能源整体利用效率，加速能源便利、科技创新，带动产业转型升级，推动能源电力行业高质量发展。目前针对新型电力系统尚未形成统一定义，但根据学界和工业界的普遍共识，新型电力系统主要具有如下形态特征。

在安全性方面，新型电力系统中的各级电网协调发展，多种电网技术相互融合，广域资源优化配置能力显著提升；电网安全稳定水平可控、能控、在控，有效承载高比例的新能源、直流等电力电子设备接入，适应国家能源安全、电力可靠供应、电网安全运行的需求。

在开放性方面，新型电力系统的电网具有高度多元、开放、包容的特征，兼容各类新电力技术，支持各种新设备便捷接入需求；支撑各类能源交互转化、新型负荷双向互动，成为各类能源网络有机互联的枢纽。

在适应性方面，新型电力系统的源网荷储各环节紧密衔接、协调互动，通过先进技术应用和控制资源池扩展，实现较强的动态调节能力、高度智能的运行控制能力，适应海量异构资源广泛接入并密集交互的应用场景。

在灵活性方面，新型电力系统通过调节性电源、需求响应资源、储能资源和跨省区电力互联通道协同运行，挖掘各类资源的灵活特性，扩大平衡区域范围，实现时间和空间上的扩展和互补，有效支撑风、光等清洁能源的大规模接入。

4.1.2　新型电力系统与清洁能源发电技术

清洁能源发电是利用风能、太阳能、生物质能等各种清洁能源实现发电。我国资源状况和经济发展区域呈逆向分布，决定了我国清洁能源发电应走集中式并网和分布式并网相结合的模式。其中，集中式并网方式主要为大规模风电并网和大规模光伏并网，分布式并网主要为虚拟电厂和微电网技术。另外，远距离的电能输送，使得发展特高压输电技术成为利用清洁能源发电的另一重要手段。

4.1.2.1　集中式并网

我国清洁能源与能源需求在地理分布上存在巨大差异，以风电、光伏发电等清洁能源为例，其资源丰富地区往往位于我国西北部，需要远距离大容量输送。

风力发电：风力发电机组主要由风力机和发电机构成，前者将风能转化为机械能，后者将机械能转化为电能。根据不同的风机类型和发电机类型，可以对风力发电机进行分类。大规模风电接入对电网的运行和控制的影响，主要体现在频率、电压稳定性和电能质量上。由于风能具备随机性和不可控性，因此风电场的出力主要由风电场所处位置的风力大小决定。同时，发电机组的出力受风速影响很大，为保护发电机，当风速超过切出风速时，风机会自动退出运行；这对电能质量的影响很大，可通过在风电入网时配备合理容量的快速反应储能装置来缓解这一问题。另外，风机本身和入网所需的电力电子设备也可能对系统产生谐波污染，这也会对电能质量产生一定的影响。

光伏发电：将太阳能转换为电能主要有两种途径，一是将太阳能转换为热能，再将热能转化为电能，称为太阳热发电；二是通过光电器件将太阳光直接转化为电能，即太阳光发电，随着半导体元器件价格的下降和新型光电材料的发展，太阳能光电技术已经逐渐成为太阳能发电的主要发展方向。太阳能发电技术可分为并网和离网两大类。其中，离网太阳能发电技术主要用于偏远地区用电和孤立设备供电。根据是否有储能装置，太阳能发电并网系统可分为不可调度式光伏并网发电系统和可调度式光伏并网发电系统；前者发电和负荷之间的不平衡量完全由主电网进行平衡，后者则可以通过储能元件对其进行控制。随着超级电容器、钠硫电池等储能技术的不断进步，可调度式光伏并网发电系统或联入微电网将逐渐成为光伏并网的主流方式。

4.1.2.2　分布式并网

虚拟电厂：随着分布式发电的快速发展，接入电网的发电设备数量将有爆炸性的增长，给调度中心带来极大的困难。大多数分布式发电厂的容量较小，且由于能源类型的限制，其出力各有特点，如风力发电就有"夜大日小"的特点，而太阳能发电则受气象和日照的影响很大，燃料电站和小型水电站则受到燃料供给和降水的影响。这些问题造成单一类型的分布式发电的可调控性很差，无法有效参与电力系统的调度和电力市场的交易，降低了这些分布式发电资源的有效开发和利用。鉴于此，虚拟电厂应运而生。

虚拟电厂就是一系列分布式发电、储能及可控负荷的集合，该集合由一个中央控制中心统一调控。通过这种管理和调度方式，交易中心和调度中心不再需要知道每一个分布式发电资源的信息，而只需对虚拟发电厂的中央控制中心进行统一调控，由中央控制中心对各个分布式发电电源进行调整，交易中心也仅需与虚拟发电厂进行交易。通过这种方式，减轻了调度中心和交易中心的压力，不同类型的分布式发电资源之间的互补性也使得虚拟发电厂具备一定的可控性，更适于参与电力系统调度和交易。

商业虚拟发电厂（TVPP）由位于同一区域内的分布式发电资源组成，TVPP对本地分布式发电组合的费用和运行信息进行分析，构建能够反映组合特性的虚拟发电厂模型，并负责向输电网提供功率平衡及其他辅助服务。TVPP通常需要本地配电网及配电管理系统的详细信息。

技术虚拟发电厂（CVPP）是另外一种虚拟发电厂类型。CVPP主要包括分布式发电资源的出力及费用信息，和TVPP不同，CVPP通常不考虑配电网的影响。CVPP的主要目的是将小容量的分布式发电资源整合起来，以参与电力市场交易。

微电网：如前所述，分布式发电的大规模接入对电网的冲击很大，同时单机接入成本高，控制困难，不利于调度统一管理。鉴于此，欧美等发达国家提出了微电网的概念，即通过在配电网建立单独的发电单元对负荷进行供电，这些发电单元和负荷及相应的配电线路组成一个相对独立的微型电网。

　　微电网将发电机、负荷、储能装置通过控制系统结合，形成一个相对独立的可控单元，在完成向用户供电和供热的同时，接受电力系统的调度和管理。在微电网研究中，最终目标是将微电网建成为电力系统可控的单元，即微电网可以根据调度中心的需求在短时间内作出响应以满足电网的需求。对于用户来讲，微电网可根据用户的实际需求提供相应的电源供应，如可增强局部供电可靠性、对电压骤降进行矫正、减少线损等。紧紧围绕全系统能量需求的设计理念和向用户提供多样化电能质量的供电理念是微电网的两个重要特征。微电网的入网标准并不针对各个具体的微电源，只需考虑整个微电网，可较好地解决分布式电源的接入问题。

4.1.2.3　特高压输电

特高压交流输电技术：特高压交流输电是指 1000 千伏及以上电压等级的交流输电工程及相关技术。特高压交流电网突出的优势主要有：①可实现大容量、远距离输电，1 回 1000 千伏输电线路的输电能力可达同等导线截面的 500 千伏输电线路的 4 倍以上；②可大量节省线路走廊和变电站占地面积，显著降低输电线路的功率损耗；③通过特高压交流输电线实现电网互联，可以简化电网结构，提高电力系统运行的安全稳定水平。

　　交流特高压可以形成坚强的网架结构，对电力的传输、交换疏散十分灵活；直流特高压是"点对点"的输送方式，不能独自形成网络，必须依附于坚强的交流输电网才能发挥作用。

特高压直流输电技术：特高压直流输电具有超远距离、超大容量、低损耗、节约输电走廊和调节性能灵活快捷等特点，可用于电力系统非同步联网。由于不存在交流输电的系统稳定问题，可以按照送、受两端运行方式变化，更适合大型水电、火电基地向远方负荷中心送电。与高压直流输电相比，特高压直流输电具有以下技术和经济优势：①输送容量大，送电距离远；②线路损耗低，系统可靠性高，运行方式灵活；③节省工程投资效益，提高输电走廊利用效率。

　　综上所述，新型电力系统在能源转型过程中扮演着非常重要的角色，能够有效支撑清洁能源的广泛接入，助力"双碳"目标顺利实现。新型电力系统具有安全性、开放性和适应性特征，能够通过直接集中式并网、分布式并网以及特高压交直流输电等技术支撑清洁能源的规模化发展和高效利用。

4.2　综合能源系统

　　综合能源系统借助先进的转换、存储设备，实现不同能源之间的灵活转化与

统一管理，为推动能源系统在生产、消费、技术、体制领域转型提供了全新的解
决思路。

4.2.1　概述

综合能源系统利用先进的物理信息技术和创新管理模式，整合区域内化石能
源、清洁能源等多种能源资源，实现多异质能源子系统之间的协调规划、优化运
行、协同管理、交互响应和互补互济。综合能源系统在满足系统内多元化用能需
求的同时，有效提升能源利用效率、促进能源可持续发展，是一种新型的一体化
能源系统。实现系统优化建模的基础是建立科学、全面、准确的综合能源系统基
本框架，分为能源输入、能源转换、能源输送、用户终端四个环节（图 4.1）。

能源输入：能源输入环节是保障综合能源系统的关键，在综合能源系统内起
到能源补充的重要作用，主要包括天然气、燃油等一次能源和市政电网供电等二
次能源。

能源转换：能源转换主要有三种类型。一是小规模清洁能源发电系统，如光
伏发电、小型风力和小水力发电系统等；二是热电联产或冷热电三联产系统，代
表设备为燃气轮机、微燃机、燃料电池等原动机；三是辅助型能源转换系统，其
主要设备包括燃气 / 油锅炉、储能设备等。能源转换子系统的作用就是采取各种
方式，将一次能源和二次能源高效快捷地转化成多种能源形式，以满足终端用户
需求。

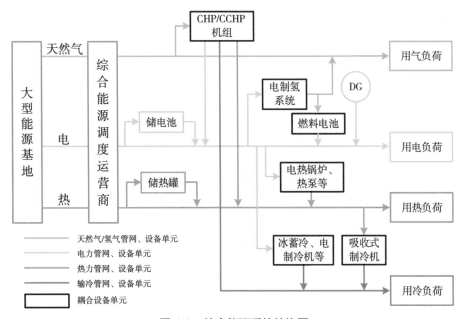

图 4.1　综合能源系统结构图

能源输送：能源转换子系统产生能源后，通过能源网连接能源供应侧和能源需求侧。针对用户不同的能源需求，需要高效的能源输送网络，包括电网、热网、冷网、气网。

用户终端：用户终端子系统是最终将能源转换子系统产生的能源消耗的系统。

综合能源系统是一种多层次的复杂耦合系统，由多种能源输入、转换及输出集成，具有高比例清洁能源渗透率、横向多种能源互补利用、纵向源网荷储协调运行、物理与信息深度融合等基本特征。

高比例清洁能源渗透率：在需求侧清洁高效化的用能约束下，高渗透率的清洁能源是综合能源系统的重要特征，通过"源 – 网 – 荷 – 储"互联互通、协调运行，提升新能源消纳能力，降低二氧化碳及其他污染物排放。我国能源资源与负荷中心逆向分布的特点，使未来综合能源系统的基本形式为集中式能源基地与分布式微网并举，大电网、大管网远距离输送与区域性清洁能源就地消纳相结合。

横向多种能源互补利用：多能耦合、协同互补是综合能源系统的重要特征之一。多能互补可利用存量常规电源，合理配置储能，统筹各类电源规划、设计、建设、运营，优先发展新能源，强化电源侧的灵活调节作用，优化电源配比，确保电源基地送电可持续性。综合能源系统多能互补贯穿于供应侧、传输侧和需求侧。

纵向源网荷储协调运行：源网荷储一体化是指通过优化整合本地资源，以先进技术突破和体制机制创新为支撑，探索源网荷储高度融合的电力系统发展路径，强调发挥负荷侧调节能力、就地就近灵活坚强发展及激发市场活力，引导市场预期。综合能源系统能量流与信息流深度融合使传统能源由单纯的生产、传输、消费和存储为主体，转变为集能源生产、传输、消费和存储多种角色于一体的自我平衡的主体。传统用户成为产消者，能源生产和能源消费的边界将不再清晰，对应的角色和功能可以实现相互兼容和替代。综合能源服务商、供电公司、各类工业、商业和居民用户、电动汽车、分布式能源、储能、热电冷联产系统等各类参与主体，在供需关系和价格机制的引导下，灵活调整能源供应、能源消费和能源存储，实现综合智慧能源柔性互动和供需储的纵向一体化。

物理与信息深度融合：综合能源系统覆盖能源生产、传输、消费、存储、转换的整个能源链，系统内信息共享，能量流与信息流有机整合、互联互动、紧密耦合，形成信息物理系统。互联网、物联网、大数据、云计算等的深度应用，可有效提升园区综合能源系统的灵活性、适应性及智能化。通过对等开放的信息物理系统架构，综合智慧能源系统将具备高可靠安全的通信能力、全面的态势感知能力、大数据处理计算能力以及分布式协同控制能力。

4.2.2　多能优化互补技术

综合能源系统的基本思路是通过"产 – 供 – 销 – 储"体系建设,各子系统将不同时段、不同位置、不同品位的能量进行互补、替代、削峰填谷,从而实现不同品位能源的梯级利用。多能互补体现在能源传输的各个方面,包括供应侧、传输侧和需求侧,通过多种能源互补利用,有效解决光伏、风电波动性强、布置分散、能量密度低等问题,从而推进可再生能源的大规模利用。其中,供应侧通过各类能源耦合设备、储能设备实现化石能源、新能源等一次能源向电、热、冷等二次能源的互补、高效转化;传输侧的输配电网络、天然气管网、热力管网协调优化运行;需求侧通过高效用能技术、用户侧储能技术、供需匹配技术和智慧能源管理技术,实现用户终端电、气、热、冷多种能源的高效、互补消纳(图 4.2)。

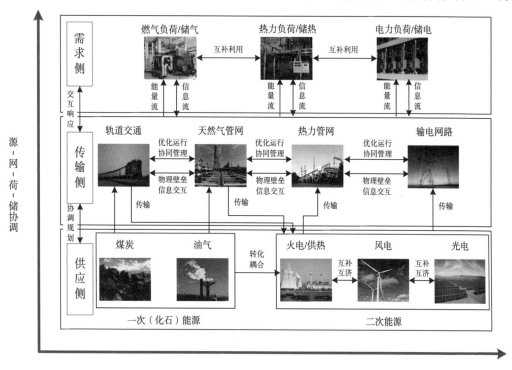

图 4.2　综合能源系统多能互补技术框架

4.2.2.1　供应侧多能供给优化

供应侧多能供给系统包括一次能源(化石燃料)供能系统和二次能源(清洁能源)供能系统。

一次能源(化石燃料)供能系统包括以燃煤热电联产机组为代表的清洁燃煤供能系统,以燃气内燃机、燃料电池和燃气热泵为主要形式的天然气供能系统。二次能源(清洁能源)供能系统包括太阳能供电系统、太阳能供热系统、风电供能系统。清洁能源发电系统（例如光伏发电、小型风力和小水力发电系统等）分布安置在近用户需求侧，根据用户对能源的不同需求，实现能源对口供应。

4.2.2.2　传输侧多能传输优化

多重网络在能量生产、输配、消费各个环节的耦合，通常能使联合规划获得比分开规划更好的效果。目前国内外关于综合能源系统的联合规划问题，研究比较多的有电网 – 气网联合规划、电网 – 热网联合规划、电网 – 热网 – 气网联合规划等。近年来，热电联产装置、燃气轮机、电转气装置等耦合方式及储能技术的发展和利用，为综合能源系统规划带来了更大的优化空间。

电网 – 气网联合：电网 – 气网综合能源系统是目前综合能源系统研究中较为普遍的耦合方式。针对稳态系统，以配电系统、配气系统为主体，建立电力 – 天然气区域综合能源系统的稳态模型。能源系统之间的耦合关系直接表现在某一能源系统方程中存在着其他能源系统的运行变量。以电力系统为例，因存在燃气轮机等耦合组件，其运行状态受天然气系统的压力 / 流量等参数影响。

电网 – 热网联合：热网在传输过程中往往会有较大的能量损耗，传输距离不能过远，因此热力系统一般为区域级系统。另外，热电联产装置、燃气锅炉、热泵及储热装置的大量引入，为区域电网 – 热网的耦合、系统的灵活调控提供了条件。典型的电 – 热综合能源系统考虑了热网约束与电、热源结构的复杂性，利用热网提升系统可再生能源的消纳能力。

4.2.2.3　需求侧多能互动优化

需求侧管理是通过经济、法律、宣传等方式，调整用户负荷或者用电模式，引导用户科学合理用电，从而降低负荷需求，减少装机容量，将部分高峰负荷转移到低谷时期，降低峰谷差。

4.3　储能技术

广义的电力储能是指电力与热能、化学能、机械能等能量之间的单向或双向存储。传统意义的电力储能技术可定义为，实现电力存储和双向转换的技术，包括抽水蓄能、压缩空气储能、飞轮储能、超导磁储能、电池储能等。

4.3.1　储能技术的分类与特点

在传统的电力生产过程中，电能的生产、传输和消费是瞬间完成的，这种特性直接影响电力系统的规划、建设、调度运行及控制方式。储能技术的出现为改变这种供需实时平衡提供了可能。储能系统具有"高储低发"的特点，能够缩小电力系统的峰谷差，提高电网安全稳定运行水平，有利于大规模清洁能源的接入。储能是通过特定方式将不同形式的能量储存起来，等到需要时再利用。目前储能技术一般分为机械类储能、电磁储能、电化学储能、热储能和化学类储能五种（图 4.3）。

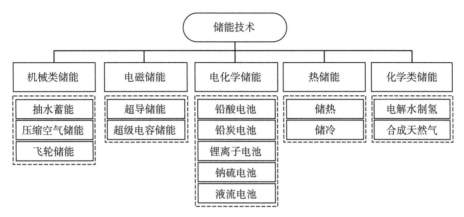

图 4.3　储能技术分类及应用

4.3.1.1　机械类储能

机械类储能的应用形式有抽水蓄能、压缩空气储能和飞轮储能。

抽水蓄能：在电网低谷时，将水从低位水库抽到高位水库储能，在电网峰荷时，将高水库中的水回流到下水库推动水轮发电机发电。抽水蓄能属于大规模、集中式能量储存，其优点有：技术成熟，可用于电网的能量管理和调峰；储存效率一般约 65%~75%，最高可达 80%~85%；负荷响应速度快，从全停到满载发电约 5 分钟，从全停到满载抽水约 1 分钟；具有日调节能力，适合配合核电站、大规模风力发电、超大规模太阳能光伏发电。缺点主要是需要上池和下池；建造比较依赖地理条件，有一定的难度和局限性；与负荷中心有一定距离，需长距离输电。抽水蓄能是当前最主要的储能方式，预计 2035 年我国抽水蓄能装机规模将增加到 3 亿千瓦。

压缩空气储能：在电网负荷低谷期将电能用于压缩空气，将空气高压密封在报废矿井、沉降的海底储气罐、山洞、过期油气井或新建储气井中，在电网负荷高峰期释放压缩空气，推动汽轮机发电。其具有削峰填谷、可再生能源消纳、可作为紧急备用电源的优点，缺点是地点受限、效率低、需要燃气轮机配合（图 4.4）。

飞轮储能：利用电动机带动飞轮高速旋转，在需要的时候再用飞轮带动发电机发电。其优点是运行寿命长、功率密度高、维护少、稳定性好、响应速度快（毫秒级）；缺点是能量密度低，只可持续几秒到几分钟、自放电率高。飞轮储能多用于工业和不间断电源中，适用于配电系统运行；可作为一个不带蓄电池的不间断电源，当供电电源故障时，快速转移电源，维持小系统的短时间频率稳定，

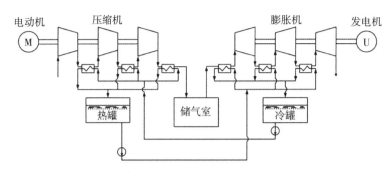

图 4.4 压缩空气储能原理

以保证电能质量（供电中断、电压波动等）。

4.3.1.2 电磁储能

电磁储能的应用形式有超导储能和超级电容储能。

超导储能：利用超导线将电磁能直接储存起来，需要时再将电磁能返回电网或其他负载。其优点是功率密度高、响应速度极快；缺点是价格昂贵、能量密度低、维持低温制冷运行需要大量能量、应用有限。超导储能适用于提高电能质量，增加系统阻尼，改善系统稳定性能，特别是用于抑制低频功率振荡。由于价格昂贵和维护复杂，虽然目前已有商业性的低温和高温超导储能产品可用，但是应用很少。

超级电容储能：在电极 / 溶液界面，通过电子或离子的定向排列造成电荷的对峙而储能。其优点是寿命长、响应速度快、效率高、维护少、运行温度范围广；缺点是电介质耐压很低、储存能量较少、能量密度低、投资成本高。超级电容器储能开发已有 50 多年的历史，近 20 年来技术进步很快，使它的电容量与传统电容相比大大增加，达到几千法拉的量级，而且比功率密度可达到传统电容的十倍。超级电容器储能将电能直接储存在电场中，无能量形式转换，充放电时间快，适合用于改善电能质量。由于能量密度较低，适合与其他储能方式配合使用。

4.3.1.3 电化学储能

电化学储能的应用有铅酸电池、铅炭电池、锂离子电池、钠硫电池和液流电池。电化学储能是除抽水蓄能外，我国装机规模最大的储能方式，在我国的累计装机规模已达到 3.27 吉瓦（截至 2020 年底）。

铅酸电池：工作原理是电池内的阳极和阴极浸到电解液中产生电势。其特点是可靠性好、原材料易得、价格便宜；缺点是充放电电流受限，深度充放电影响电池寿命，使用温度在 −20~50℃。铅酸电池常用于电力系统的事故电源或备用电源，以往大多数独立型光伏发电系统配备此类电池，目前逐渐被其他电池（如锂离子电池）替代。

铅炭电池：由铅酸电池技术发展而来，是在铅酸电池的负极中加入了活性炭，将铅酸电池与超级电容器两者合一，能够显著提高铅酸电池的寿命。铅炭电池的优点是提升了电池功率密度，延长了循环寿命；缺点是活性炭占据了部分电极空间，导致能量密度降低。

锂离子电池：实际上是一个锂离子浓差电池，正负电极由两种不同的锂离子嵌入化合物构成。据 2020 年的统计，在各类电化学储能技术中，我国锂离子电池的累计储能装机规模最大，规模占比 88.8%。锂离子电池比能高、效率高，从综合性价比来看最适合储能场景。常用的锂离子电池主要有磷酸铁锂电池、锰酸锂电池、钴酸锂电池以及三元锂电池。目前锂离子电池技术仍在不断开发中，研究集中在提高使用寿命和安全性，降低成本以及材料研发上。

钠硫电池：由正极、负极、电解质、隔膜和外壳组成。与一般二次电池（铅酸电池、镍镉电池等）不同，钠硫电池由熔融电极和固体电解质组成，负极的活性物质为熔融金属钠，正极活性物质为液态硫和多硫化钠熔盐。钠硫电池最大优点在于资源禀赋较高，其原材料钠、硫比较容易获得；缺点是生产成本高，且存在安全隐患。

液流电池：由点堆单元、电解液、电解液存储供给单元以及管理控制单元等部分构成，其正负极电解液各自循环。液流电池具有容量高、使用领域（环境）广、循环使用寿命长的优点，是一种新能源产品。其中，全钒液流电池比较成熟，其寿命长，循环次数超过一万次，但其能量密度和功率密度与其他电池相比要低，响应时间也不是很快。

4.3.1.4　热储能

热储能系统中，热能被储存在隔热容器中，需要时转化为电能，也可直接利用。热储能有许多不同的技术，可进一步分为显热储存和潜热储存，热储能可以储热和储冷。热储能储存的热量很大，但由于要各种高温化学热工质，应用场合比较受限。

4.3.1.5　化学类储能

化学类储能利用氢气或合成天然气作为二次能源的载体，主要方法有电解水制氢和合成天然气。其优点存储能量很大、时间长；缺点是全周期效率较低，制氢效率只有 70% 左右，而制合成天然气的效率 60%~65%，从发电到用电的全周期效率更低，只有 30%~40%。以天然气为燃料的热电联产或冷、热、电联产系统已成为分布式发电和微电网的重要组成部分，在智能配电网中发挥着重要的作用，氢和合成天然气为分布式发电提供了充足的燃料。

储能技术种类繁多，实际应用时，要根据各种储能技术的特点综合比较进行选择。通常需要考虑的因素有：①能量密度；②功率密度；③响应时间；④储能效率（充放电效率）；⑤设备寿命（年）或充放电次数；⑥技术成熟度；⑦经济因素（投资成本、运行和维护费用）；⑧安全和环境。

4.3.2 储能促进清洁能源消纳技术

4.3.2.1 储能在清洁能源消纳中的功能

风能、太阳能等清洁能源受自然环境影响，其发电出力具有明显的波动性和随机性，给清洁能源的消纳造成困难，且风电、光伏发电的反调峰特点导致清洁能源无法得到有效利用。储能相比传统火电机组具有更好的响应速度、更高的调节精度，将清洁能源与储能技术联合运行，将富裕的波动性电能存储起来，实现平滑出力波动性，提供清洁能源的可调度性。目前储能在清洁能源消纳中充当着多重功能角色，可服务于发电、输配电和用电。

在发电侧，储能技术可以促进可再生能源的利用，保障能源生产安全。①促进清洁能源消纳：储能技术在风电、光伏发电等清洁能源消纳中的应用主要集中在平滑清洁能源发电输出、跟踪计划出力、增加波动电源出力调节能力等方面，支持高比例的清洁能源接入，减少弃风、弃光电量，充分利用清洁能源发电提供的电能。目前储能在清洁能源并网中价值主要体现在改善风电场、光伏电站出力特点。②优化电源响应特点：通过与现有常规机组联合运行，改善常规电源频率响应特点。储能的价值主要有一次调频考核收益、自动发电控制调节考核收益、自动发电控制调节补偿收益。

在电网侧，储能系统能够削峰填谷，灵活的充放电特性对电网的稳定性具有重要意义。储能参与到清洁能源电网端，可以优化电网调度和电网容量，减少电网再投资，促进清洁能源发电资源的优化配置和优化利用，提高终端用能效率。①削峰填谷：储能的高储低发特性能够有效减少负荷峰谷之差，提高系统效率与电能传输通道的利用率，目前主要应用的是抽水蓄能技术。②调频辅助服务：电网调频应用要求具有快速功率响应和精确功率控制能力，储能系统在这方面有明显的技术优势，主要体现在改善电网一次调频、二次调频和改善暂态特性等方面。③延缓电网改造投资：储能系统可以缓解清洁能源发电并入后的节点电压升高和设备过载问题，同时分别具备有功功率的双向调节能力和无功功率的四象限调节能力；储能接入高渗透率分布式电源的配电网，可有效减少电网改造成本和限电损失。

在用户侧，储能具有"购电"和"售电"双重身份，使电力市场结构由"发、输、配、售"变为"发、输、配、储、售"，直接扩大市场规模。依托电能

"仓储"的能力，用户侧电储能可与分布式电源、智能微网等形成自循环，带动形成更多新型电力消费和交易模式，降低电价水平。用户侧电储能可削峰填谷，配合电网调峰、调频，提升电网柔性调节能力，提高电网运行安全和供电可靠性水平。①分布式能源系统：储能在用户侧的主要应用场景是分布式清洁能源消纳与储能的联合运行，或参与需求侧响应。储能是有效解决分布式清洁能源消纳以及支撑微电网的关键支撑技术，其价值体现在稳定系统输出、备用电源、实现可调度性。②需求侧响应：需求响应作为一种调整用户用电特性的手段，通过采取鼓励用户改变自身用电需求行为，实现与发电侧资源相同的效果。作为一种虚拟的可控资源，需求侧响应能够与储能及多种发电类型结合，有效缓解能源资源与能源需求逆向分布对系统运行造成的影响。储能参与到用户侧中，可以优化配置和保障能量供应的质量。在用户侧，储能的参与支持新的能量管理模式的应用，同时还可以拓展新的用能方式，保障能量供应的连续性。

4.3.2.2 储能在新能源消纳中的作用方式

在过去相当长的一段时间，储能在电力系统中的主要应用形式是抽水蓄能，服务于电网的移峰填谷、调频辅助等方面。随着风电、光伏发电等波动性电源接入电网的规模不断扩大，以及分布式电源在用户侧的应用规模的不断扩大，储能在电力系统的应用发生了很大变化。应用技术方面，出现了适用于电力系统的集成功率达到兆瓦级的电池储能技术；应用领域方面，储能技术在电力系统的应用已从电网扩大到发电侧和用户侧，从调频辅助、移峰填谷服务扩展至新能源发电并网、电力输配和分布式发电及微电网、虚拟电厂等领域。

在新能源消纳中，储能的作用大致可以分为能量的时间转移、能量的快速吞吐、能量的保留备用三种。

能量的时间转移：从储能系统吸收能量开始到释放能量期间较长一段时间的推移。在电力网络中，当电力生产大于用电需求时，将多余的电能以特定的储能方式存储起来，待电力供应不足时再释放使用，例如抽水蓄能用于负荷的削峰填谷。这种作用方式的特点是，储能吸收和释放能量的位置是相同的，吸收之前和释放之后的能量形式也是相同的，只是被存储的能量在电力网络中发挥作用的时刻被推迟了，因此称之为能量的时间转移。这种作用方式往往要求储能的容量足够大、存储的时间足够长。

能量的快速吞吐：储能快速充放电的能力。智能电网的一个特点是清洁能源的大量接入，但清洁能源的接入会影响系统的整体稳定性，表现在系统的功率波动、频率波动等。一些能够快速吞吐能量的储能设备可在系统稳定性波动期间进行快速的投入切出，平滑波动，改善系统性能。这种作用方式的特点是，能量的存储及释放速度较快，具有秒级甚至毫秒级的反应时间。这种作用方式要求储能设备的启停速度较快，且一般要求具有较高的功率等级。

能量的保留备用：为防出现能量的短缺现象而专门储备留用的能量。保留备用是指在满足预计负荷需求以外，针对突发情况时为保障电能质量和系统安全稳定运行而预留的有功功率储备，一般备用容量需要在系统正常电力供应容量15%~20%，且最小值应等于系统中单机装机容量最大的机组容量。由于备用容量针对的是突发情况，一般年运行频率较低，如果是采用电池单独做备用容量服务，经济性无法得到保障，因此需要将其与现有备用容量的成本进行比较来确定实际的替代效应。电力系统中往往会由于某种原因出现电力的短缺现象，此时储能可作为系统的备用，即插即用，及时进行补充。例如，当风力减少进而引起风电出力不足时，储能装置存储的电能可及时对其进行供应。

综上所述，储能不同作用方式的相互组合共同实现了储能在清洁能源中的各种功能，其中，作用方式是最基础的分类依据，便于合理选择不同类型的储能技术，从而实现储能的优化配置和协调控制，改善和提高清洁能源消纳的规模和效率。

4.4 碳捕集、利用与封存技术

随着全球气候形势的日益严峻以及碳中和目标的持续推进，二氧化碳捕集利用与封存（Carbon Capture，Utilization and Storage，CCUS）作为一项有望实现化石能源大规模低碳利用的新兴技术，逐渐展现出巨大优势，对于在碳约束条件下抵消难以在短期内减排的二氧化碳及其他温室气体、保障能源安全以及实现可持续发展等方面具有重要意义。

4.4.1 概述

二氧化碳捕获、利用与封存技术是指将二氧化碳从工业生产、能源利用等排放源或直接从空气中捕集分离出来，通过管道、罐车或船舶等输送到适宜的地点，加以利用或长期封存与大气隔绝，最终实现减排的技术手段。

CCUS技术一般可分为四个环节：二氧化碳捕集与分离、二氧化碳运输、二氧化碳利用和二氧化碳封存（图4.5）。按不同环节的组合形式，CCUS的产业模式包括碳捕集与封存（CS），碳捕集与利用（CU），碳捕集、运输与封存（CTS），碳捕集、封存与利用（CUS）、碳捕集、运输、封存与利用（CTUS）等。根据减排效应可划分为减排技术及负碳技术，前者是指传统的CCUS技术，后者包括生物质能碳捕集与封存（Bioenergy with Carbon Capture and Storage，BECCS）与直接空气碳捕集与封存（Direct Air Carbon Capture and Storage，DACCS）。

传统 CCUS 技术虽然可以通过捕集、利用封存等手段减少二氧化碳的排放量，但从全生命周期的角度来看，仍然存在排放；而负碳技术则指从空气中除去二氧化碳的过程，即排放量可以看作负值，因此它对于碳中和（净零排放）具有重要意义。

BECCS 指二氧化碳经由植被（生物质的一种）的光合作用，从大气中提取出来后，燃烧生物质发电并从燃烧产物中回收碳物质将其封存于地下。换言之，BECCS 为使用 CCUS 技术的生物质发电站，通过光合作用改变碳源类型，主动从空气中吸收二氧化碳，经过处理后封存于地下，实现负碳排放。

DACCS 则指直接从空气中捕集二氧化碳并封存。

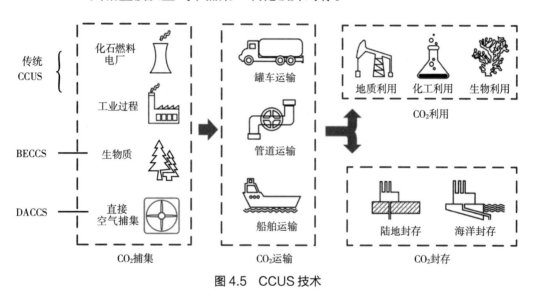

图 4.5　CCUS 技术

4.4.2　碳捕集技术的开发应用

碳捕集技术是发展 CCUS 技术中至关重要的一部分，在整个流程中的成本和能耗最大。碳捕集技术指从排放源捕获二氧化碳并分离收集后并压缩运输的过程，充足且优质的高纯度二氧化碳的收集是保障 CCUS 技术继续推进的关键。

碳捕集技术中捕获二氧化碳的主要来源有发电及工业过程中的化石燃料燃烧、碳酸盐的使用、能源采掘过程二氧化碳的逸散等（图 4.6）。碳捕集技术有不同的分类方式：①依据碳捕获与燃烧过程的先后顺序，可分为燃烧前捕获、富氧燃烧和燃烧后捕获；使用技术的选择与碳排放源浓度密切相关，常见的煤化工、天然气、钢铁、水泥等行业中二氧化碳的工业分离过程属于燃烧前捕获方式。②依据分离过程，可将碳捕集技术分为化学吸收法、物理吸收法、吸附法、膜分离法等。

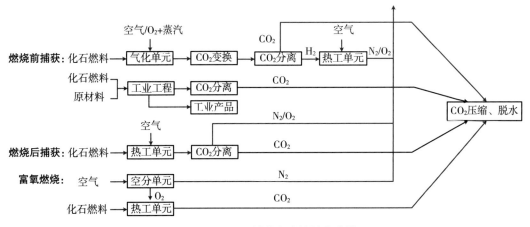

图 4.6　不同碳捕获方式的技术路线

4.4.2.1　按燃烧过程先后顺序分类

燃烧前捕获：在燃烧前，利用煤气化和重整反应将燃料中的含碳成分进行分离，从而转化为以氢气、一氧化碳为主的混合气体，再通过变换反应将一氧化碳转化为二氧化碳，然后利用相应的分离技术将二氧化碳从中分离出来，剩余的氢气作为清洁燃料使用。目前该技术捕获的二氧化碳浓度较高，分离难度低，相应能耗和成本较低；但投资成本高，可靠性也有待提高。

富氧燃烧：通过分离空气制取纯氧，以纯氧取代空气作为氧化剂进入燃烧系统，同时辅以烟气循环的燃烧技术，可视为燃烧中捕获技术。该燃烧后的混合气体主要为二氧化碳和水，其中捕获的二氧化碳浓度可达 90% 以上，只需通过简单冷凝便可直接将二氧化碳完全分离，因此二氧化碳捕集过程中的能耗和成本相对较低，但氧化剂发生变化，对富氧燃烧炉提出了更高的要求，由此造成制氧系统的能耗增加，使系统总投资提高。

燃烧后捕获：直接从燃烧后的烟气中分离出二氧化碳，主要应用于常规的煤粉电站。虽然投资较少，但烟气中二氧化碳分压较低，使得二氧化碳捕获能耗和成本较高。由于燃烧后捕获技术不改变原有燃烧方式，仅需要在现有燃烧系统后增加二氧化碳捕集装置，技术成熟，原理简单，对原有系统变动较少，是目前应用较为广泛的技术。

4.4.2.2　按分离技术分类

化学吸收法：通过加入吸附剂，使其与原料中的二氧化碳发生化学反应，吸收气体中的二氧化碳后加热，将二氧化碳重新分离出来。目前比较成熟的化学吸收法工艺多基于乙醇胺类水溶液，如单乙醇胺法、二乙醇胺法等。近几年新发展的化学吸收法工艺包括混合胺法、冷氨法等。气体中二氧化碳浓度较低时，常采用化学吸收法对二氧化碳进行分离，但过程中吸收剂的再生热耗较高，吸收剂损失较大。

物理吸收法： 在加压条件下，利用有机溶剂吸收酸性气体分离脱除酸气成分，再通过降压处理实现溶剂的再生，所需再生能量相对较少。典型物理吸收法有聚乙二醇二甲醚法、低温甲醇洗等。物理吸收法适用于气体中二氧化碳浓度较高时的二氧化碳分离，但不适用于尾气二氧化碳的分离。

吸附法： 在一定条件下，通过吸附体对二氧化碳进行选择性吸附，而后恢复条件将二氧化碳解吸，从而实现二氧化碳分离。根据吸附条件的不同，大致可分为变温吸附法和变压吸附法。常用的吸附剂有硅胶、分子筛、活性氧化铝、天然沸石、碳基吸附剂等。吸附法制氢已投入商业应用，研究也证明了其在工业规模下分离二氧化碳的可行性。吸附法的不足之处在于二氧化碳分离率低、具有较高二氧化碳选择性的吸附剂较少、对于电力行业成本过高。

膜分离法： 特定材料制成的薄膜对不同气体渗透率不同，以此来分离二氧化碳气体。根据膜制作材料分类，可分为有机高分子膜和无机高分子膜。有机高分子膜选择性及渗透性较高，而机械强度、热稳定性及化学稳定性较差，远低于无机高分子膜。常见的膜材料有沸石膜、二氧化硅膜、碳膜以及混合膜等。膜分离法装置紧凑，占地少，操作简单，具有较大的发展前景；但其需要较高的操作压力，不适用于常规燃煤电站中二氧化碳的分离。现有膜材料的二氧化碳分离率低，二氧化碳的高纯度难以保证，所以要实现一定的减排量，往往需要进行多级分离。

4.4.3　碳利用技术的开发应用

碳利用是指通过工程技术手段将捕集的二氧化碳实现资源化利用的过程。根据工程技术手段的不同，可分为化工利用、电化学利用、生物利用及矿化利用等；根据应用方式，可分为二氧化碳直接利用和二氧化碳转化利用。目前各国都将突破高温、高压环境瓶颈，寻找合适的催化剂作为碳利用技术的突破重点。

4.4.3.1　化工利用

二氧化碳的化工利用是以二氧化碳为原料，与其他物质发生化学转化，产出附加值较高的化工产品，达到真正消耗二氧化碳的目的。下面从无机产品和有机产品两方面进行说明。

在无机化学工业中，二氧化碳大量用于生产小苏打、纯碱、硼砂以及各种金属碳酸盐等无机化工产品，这些产品大多用作基本化工原料。合成尿素和水杨酸是最典型的二氧化碳资源化利用，其中尿素生产是对二氧化碳的最大规模利用。

有机化工利用方面，目前主要聚焦能源、燃料以及大分子聚合物等高附加值含碳化学品，合成的有机产品主要有：①合成气。二氧化碳与甲烷在催化剂作用下重整制备合成气，目前研究主要集中在催化剂的选择上，以提高二氧化碳的转化率和目标产物的选择性。②低碳烃。二氧化碳与氢气在催化剂的作用下可以制取低碳烃，关键在于催化剂的选择。③各种含氧有机化合物单体。在一定温度、压力下，以氢气与二氧化碳通过不同催化剂作用，可合成不同的醇类、醚类以及有机酸等。此外，二氧化碳与环氧烷烃反应可合成碳酸乙烯酯和碳酸丙烯酯（锂电池电解液主要成分），与氢气反应制成乙二醇、甲醇等高附加值化工产品。④高分子聚合物。在特定催化剂作用下，二氧化碳与环氧化物共同聚合成高分子量聚碳酸酯，脂肪族聚碳酸酯具有资源循环利用和环境保护的双重优势，我国脂肪族聚碳酸酯的生产和应用取得了较大进展。此外，以二氧化碳为原材料制成聚氨酯的技术条件也日趋成熟，已有工业示范装置。

4.4.3.2　电化学利用

近年来一种新的绿色二氧化碳利用途径逐渐兴起——熔盐电解将二氧化碳转化为碳基材料。在 450~800℃的熔盐体系下，通过调控二氧化碳反应途径和采用不同电极材料和催化剂，能够将二氧化碳电化学转化为高附加价值的碳纳米材料，实现碳纳米管、石墨烯的制备。

4.4.3.3　生物利用

生态系统中，植物的光合作用是吸收二氧化碳的主要手段，因此利用光合作用吸收二氧化碳是一种最直接的手段，同时还具有固有的有效性和可持续性。由于微藻生长季周期短、光合效率高，目前研究主要集中在微藻固碳和二氧化碳气肥使用上。微藻固碳技术一般利用微藻固定二氧化碳再转化为液体燃料、化学品、生物肥料、食品和饲料添加剂等；二氧化碳气肥技术主要是将工业领域捕集到的二氧化碳调节到适宜浓度注入温室中，提升作物光合作用速率，提高作物产量。此外，受天然生物固碳的启发，解析天然生物固碳酶的催化作用机理，创建全新的人工固碳酶和固碳途径，从而实现高效的人工生物固碳，也是目前的重要研究方向。

4.4.3.4　二氧化碳矿化利用技术

二氧化碳矿化封存技术是指受自然界二氧化碳矿物吸收过程的启发，利用天然硅酸盐矿石或固体废渣中的碱性氧化物，如氧化钙、氧化镁等，将二氧化碳化学吸收转化为稳定无机碳酸盐的过程。

二氧化碳矿化利用是指利用富含钙、镁的大宗固体废弃物矿化二氧化碳联产化工产品，在实现二氧化碳减排的同时得到具有一定价值的无机化工产物，是一种极具前景的大规模固定二氧化碳并利用的技术路线。目前已有基于氯化物的二氧化碳矿物碳酸化反应技术、干法碳酸法技术以及生物碳酸法技术等。

4.4.4　碳封存技术的开发应用

碳封存技术指将捕集到的二氧化碳注入特定地质构造中封存，实现与大气长期隔绝的技术过程，可分为地质封存和深海封存两类。

4.4.4.1　地质封存

二氧化碳地质封存是指将气液混合态的二氧化碳注入合适的地质体中，如深部不可采煤层、深部咸水层和枯竭油气藏等，将二氧化碳进行长期封存，同时利用地下矿物或地质条件生产或强化有利用价值的产品。该项技术对地表生态环境影响很小，具有较高的安全性和可行性。经研究发现，因为二氧化碳具有较好的可溶性，地质封存的最佳地点是地下咸水层，但目前对咸水了解有限，该技术还没有得到推广。

在二氧化碳地质封存技术中，二氧化碳强化石油开采技术较为成熟，已有几十年的应用历史，是目前唯一可以同时实现二氧化碳封存、创造经济收益、达到商业化水平的有效办法。正常情况下，在二氧化碳强化采油及封存过程中，二氧化碳发生大量泄漏的可能性非常小，不会对周边环境产生负面影响。

4.4.4.2　深海封存

海洋是全球最大的二氧化碳贮库，在全球碳循环中发挥了重要作用，目前二氧化碳深海封存主要包括四种形式：①将压缩的二氧化碳气体直接注入深海1500米以下，以气态、液态或者固态的形式封存在海洋水柱之下；②将二氧化碳注入到海床巨厚的沉积层中，封存在沉积层的孔隙水之下；③利用二氧化碳置换强化开采海底天然气水合物；④利用海洋生态系统吸收和存储二氧化碳。

但深海封存会存在以下危害：①对海底生物物种的多样性造成破坏；②由于地核的主要组成部分是岩浆，而岩浆活动会带来海底地震等地质灾害，如果地质灾害发生的地点与二氧化碳封存地点接近，二氧化碳极有可能会重新通过海水渐渐回到大气中；③由于洋流的影响，注入深海的液态二氧化碳会导致海水酸化，危及海洋生态系统的平衡。目前，虽然深海封存理论上潜力巨大，但仍处于理论研究和模拟阶段，而且封存成本高，在技术可行性和对海洋生物的影响上也还需要进一步的研究。

综上所述，CCUS各技术环节目前大部分仍处于工业示范及以下水平，仅有少部分技术具备商业化应用潜力。该技术已被证明是一项安全有效的技术，随着研究深入，未来将成为解决气候变化问题的关键技术。CCUS成本随着更多设施商业化应用将会继续下降，在全球清洁能源迅速发展的大背景下，CCUS是实现清洁能源经济的中转渠道，该技术与氢气生产、生物能、直接空气捕集等具有前景的技术将进一步促进其商业化、规模化的新发展。

4.5 本章小结

清洁能源的利用开发离不开新型电力系统、综合能源系统、储能技术、CCUS这些关键技术的发展。为了建立支撑能源绿色低碳转型的科技创新体系，形成以国家战略科技力量为引领、企业为主体、市场为导向、产学研用深度融合的能源技术创新体系，必须加快突破这些清洁低碳能源关键技术。

大力推动构建以需求侧技术进步为导向，产学研用深度融合、上下游协同、供应链协作的清洁低碳能源技术创新促进机制。加快推进新型电力系统、综合能源系统的利用推广，围绕能源领域相关基础零部件及元器件、基础软件、基础材料、基础工艺等关键技术开展联合攻关，实施能源重大科技协同创新研究。加强新型储能相关安全技术研发，完善设备设施、规划布局、设计施工、安全运行等方面技术标准规范。推进开发CCUS技术，从顶层设计与政策制定出发，不断提升技术水平，打造碳捕集、利用、储存的产业链集群，降低C、U、S各环节的成本，提升CCUS的经济可持续性。争取早日建立清洁能源技术成果转化与推广机制，进一步提升清洁能源的利用率，以早日实现碳中和目标。

参考文献

［1］李晖，刘栋，姚丹阳．面向碳达峰碳中和目标的我国电力系统发展研判［J］．中国电机工程学报，2021，41（18）：6245-6259.

［2］肖先勇，郑子萱．"双碳"目标下新能源为主体的新型电力系统：贡献、关键技术与挑战［J］．工程科学与技术，2022，54（1）：47-59.

［3］余婷．冷热电联供微网优化调度综述［J］．科技与创新，2022（1）：79-81.

［4］刘小军，李进，曲勇，等．冷热电三联供（CCHP）分布式能源系统建模综述［J］．电网与清洁能源，2012，28（7）：63-68.

［5］曾鸣．综合能源系统［M］．北京：中国电力出版社，2020.

［6］梅祖彦．抽水蓄能技术［M］．北京：清华大学出版社，1988.

［7］张新敬，陈海生，刘金超，等．压缩空气储能技术研究进展［J］．储能科学与技术，2012，1（1）：26-40.

［8］丁明，陈忠，苏建徽，等．可再生能源发电中的电池储能系统综述［J］．电力系统自动化，2013，37（1）：19-25.

［9］郑楚光，赵永椿，郭欣．中国富氧燃烧技术研发进展［J］．中国电机工程学报，2014，34（23）：3856-3864.

［10］Jiang S，Cheng H，Shi R，et al.Direct Synthesis of Polyurea Thermoplastics from CO_2 and Diamines［J］．ACS Applied Materials & Interfaces，2019，11（50）：47413-47421.

［11］叶云云，廖海燕，王鹏，等．我国燃煤发电 CCS/CCUS 技术发展方向及发展路线图研究［J］．中国工程科学，2018，20（3）：80-89.

［12］孙玉景，周立发，李越．CO_2 海洋封存的发展现状［J］．地质科技情报，2018（4）：212-218.

第5章 智慧能源的关键支撑技术

作为基于现代信息技术的新能源体系，智慧能源可以极大程度地实现对能源可持续发展的有效管控，其前提和支撑是有关技术的创新和突破。本章选取了智慧能源具有代表性的 4 个关键技术进行介绍，分别为柔性装备技术、物联传感技术、数字赋能技术、数字化提升技术。

5.1 柔性装备技术

5.1.1 柔性互联设备

"双碳"目标背景下，传统配电网的短板限制愈发突出，发展新一代智能配电网拓扑结构和运行控制技术愈发迫切。

以电力电子技术和信息技术为基础的柔性互联设备（Flexible Interconnected Device，FID）应运而生。"柔性"即敏捷、精准，在电力行业中最直接的体现就是电力电子器件的应用；"互联"即连接作用。柔性互联设备不但在提高配电系统的控制灵活性和运行可靠性方面效果显著，而且能在柔性智能配电网的建设中提供基础条件和核心设备。

柔性互联的含义是丰富的，国内采用最多的是软联络开关（Soft Normally Open Point，SNOP），这一技术的宗旨是通过可控的电力电子变换器取代传统的基于断路器的馈线联络开关（图 5.1，这里的馈线就是指配电网中任意节点相连接的支路），SNOP 的应用可以使电功率的交换控制更加灵活、迅速、精确，优化潮流的能力也大大提高。

实际研究过程中，常常把那些对配电网起柔性互联、潮流调节作用的多种变换器拓扑总称为柔性互联设备，即 FID。FID 的拓扑结构可以按照接入配电网方式的分为串联型、并联型、串 – 并联型（图 5.2）。

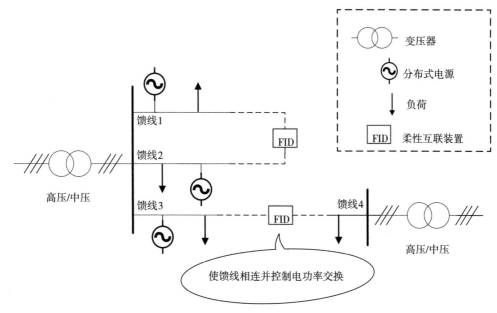

图 5.1 柔性互联装置接入方式

串联型 FID：可以对馈线间的潮流分配进行调节，但能力有限，应用范围受到限制，适用于小容量有功调节的场合。可分为电压调节型和阻抗调节型，其中电压调节型的成本更高、开关速度更高、开关损耗更多、动态响应速度更快。

并联型 FID：同等容量下的功率调节范围比串联型 FID 低，故而在实际应用中的体积

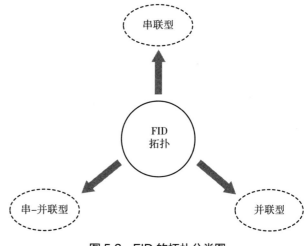

图 5.2 FID 的拓扑分类图

更大、成本更高、损耗更多。其中，静止同步补偿器（STATCOM）仅能将无功电流注入配电网，调节能力不足，但因不需扩建变换器，端口的可扩展性好，体积和成本优势更加明显，适用于在多条配电馈线互联情况下通过控制无功功率改善末端电压质量。

串 – 并联型 FID：自由度更高，对潮流的调节能力更强，尤其是能对有功和无功功率进行解耦控制，适用于在大容量中压配电网间的柔性互联，具有均衡负荷、调节电压、消纳可再生能源等多重功能。但现有的技术尚不成熟，互联以后涉及故障隔离等问题还亟需解决。其中，无变压器型统一潮流控制器（UPFC）不

仅省去了直流母线及直流侧大电容，还省去了串 – 并联变压器，在体积和成本方面最具优势（表 5.1）。

表 5.1　适用于配电网柔性互联场合的换流器拓扑对比

拓扑结构	串联型 FID			并联型 FID			串 – 并联型 FID		
	TCSC	SSSC	D-MMC	STATCOM	BTB-VSC	T-MMC	UPFC	DPFC	T-UPFC
体积	▲▲▲▲	▲▲▲△	▲▲△△	▲▲△△	▲△△△	▲▲△△	▲▲△△	▲▲△△	▲▲▲△
成本	▲▲▲▲	▲▲▲△	▲▲△△	▲▲△△	▲△△△	▲▲△△	▲△△△	▲▲△△	▲▲▲△
损耗	▲▲▲▲	▲▲▲▲	▲▲▲▲	▲▲▲△	▲△△△	▲▲▲△	▲△△△	▲▲△△	▲▲▲△
解耦控制	无	无	无	无	可实现	可实现	可实现	可实现	可实现
潮流控制	▲▲△△	▲▲▲△	▲▲▲▲	▲△△△	▲▲▲▲	▲▲▲▲	▲▲▲▲	▲▲▲▲	▲▲▲▲
故障隔离	无	无	无	无	可实现	可实现	无	无	无
适用场景	小容量有功调节、负荷均衡、DG 消纳			末端电压控制	大容量有功及无功调节、负荷均衡、DG 消纳、电压优化、线损优化				

注：表中的▲越多，表示该项对应性能越好

　　FID 对建设柔性互联智能配电网有重大意义。所谓的柔性互联智能配电网，是指 FID 将配电网中的各条馈线、各个交 / 直流配电子网或微电网（群）相连，各部分的自身特性得到充分发挥，实现分布式新能源、储能设备、电动汽车等的友好接入，并在各个配电子网或微电网间实现智能化调度，达到控制潮流、优化有功 / 无功、能量互济、协同保护的目的。图 5.3 是一个较为简单的柔性互联智能

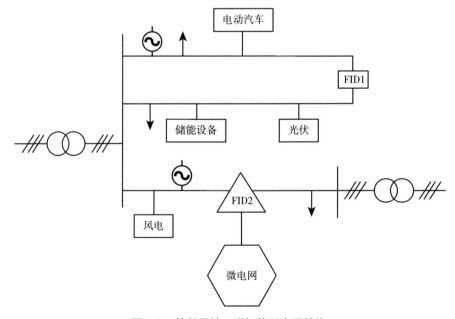

图 5.3　简单柔性互联智能配电网结构

配电网示意图。

传统配电网、有源配电网与柔性互联智能配电网的比较，如表 5.2 所示。

表 5.2 柔性互联智能配电网、有源配电网与传统配电网的比较

配电网	拓扑结构	建设成本	潮流情况	控制难度	供电可靠性	运行灵活性	拓扑扩展性	继电保护难度	新能源友好度
柔性互联智能配电网	复杂拓扑	高	复杂	高	高	高	高	高	高
有源配电网	复杂拓扑	中	复杂	中高	中高	中高	中	中	高
传统配电网	辐射状	低	简单	低	中高	中高	低	低	低

建设以柔性互联设备为基础的柔性互联智能配电网，是配电网实现智能化蜕变的必要措施，而作为核心设备的新型低成本 FID，其落地的关键就在于拓扑和装备研发，未来 FID 的研究不仅要在经济性上改进，在实现功能的基础上降低成本，还需在基本不增加成本的前提下，进行结构修改和控制优化，以提高设备的控制自由度。

5.1.2 柔性多状态开关技术

随着配电网的电源结构更加多元化，天气、地域等因素造成的随机性和波动性使得供电状态难以保持稳定，柔性多状态开关技术应际而生。

柔性多状态开关（Flexible Multi-State Switch，FMS）是一种电力电子装置，装配于配电网中的两条或多条馈线之间，实现对有功功率的流动进行调整，工作模式分为恒功率控制和恒压控制。FMS 除了具有常规开关的通、断两种状态，还具备功率连续可控状态，可以通过多种方式对运行模式进行柔性切换。FMS 可以有效避免常规开关在倒闸操作时的供电中断、合环冲击等故障，还能缓解电压骤降、三相不平衡等现象，促进馈线上的负载均衡分配，改善电能质量，有效保障互联配电网安稳运行。可以说，FMS 为日后的智能配电网建设提供了关键的技术和设备支撑，是国内外学者近年来的研究热点。

FMS 的研究架构主要分为拓扑选型、接入模式、优化调控、设备研制、实验测试、集成示范（图 5.4）。

拓扑选型作为基础，提供技术支撑；接入模式根据配电网的场景需要，结合拓扑的运行特性以明确设备的相关技术要求和选址定容；优化调控根据拓扑调节功能和特定场景的接入模式，研究配电网在接入 FMS 后的多时间尺度下的优化运行策略；设备研制在前三方面研究基础上，实现满足经济性、可靠性、紧凑性等要求的设备制造；试验测试包括运行调控仿真测试和设备功率运行测试，以验证

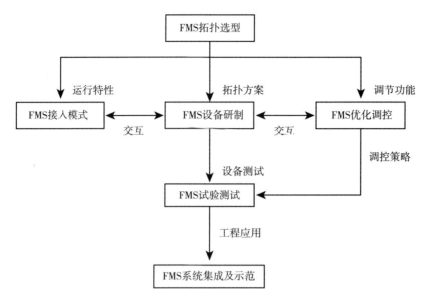

图 5.4　FMS 研究体系架构

技术和设备的可行性；集成示范则将上述全部内容在工程现场实现和应用，对整体系统的功能、性能进行全面验证。

从功率变换角度来看，柔性多状态开关的拓扑可分为以下三种。**交－交类型拓扑**：电力电子变流器应用于配电网时，会受到经济成本、设备体积、可靠性、功率损耗等因素的限制，交－交类型拓扑少了一级功率变换环节，可有效缩短功率变换的过程，功率密度大利于双馈线互联的实现，是应用 FMS 的潜在拓扑。但是因为难以扩展，且对交流系统的频率及无功功率控制范围有限，不适于配电网中三条及以上的多条馈线场景。

交－直－交类型拓扑：相较于传统的配电灵活交流输电设备，采用交－直－交类型背靠背电压源性变流器拓扑的 FMS，是对馈线间潮流进行调控的最佳选择。值得关注的是，在中压大容量馈线互联场景下，各端都采用单端拓扑时，由于功率器件数多，经济效益会随之变差，故而，拥有器件／桥臂复用特性的新型交－直－交变换类型拓扑是一个新的热点。

直－直类型拓扑：这种拓扑类型目前应用不多，但是在未来的直流配电网中有着广阔的应用前景，其典型拓扑包括双有源 DC/DC 变换拓扑。

当前智能配电柔性多状态开关技术还面临着众多挑战，如整机占地面积大、综合投资成本高等，但仍有着多方面的积极作用：①可提高配电网运行控制的灵活性，满足分布式电源消纳和高供电可靠性等特定需求，既减少了电网的投资，又降低了规划和运行成本支出；②可推进能源互联网的发展，改善电能质量，实现电能的主动调控，降低电能损耗，进一步减少供电的成本；③柔性多状态开关技术的突破和自主创新，将带动我国相关产业的发展，促进我国产业结构调整和产业升级；④可以显著提升配电网对可再生能源的消纳能力，进而减少化石资源的消耗量和温室气体的排放量，有利于缓解我国能源需求增长与能源紧缺、能源利用与环境保护之间的矛盾。

5.2　物联传感技术

5.2.1　泛在传感技术

5.2.1.1　概述

泛在传感网（Ubiquitous Sensor Networks，USN）具有三层含义：首先，"泛在"指任何事物都能够使用传感器标签和传感器节点相互联系，来自真实世界的所有信号都可以连接全球互联网而被共享；其次，各种传感器技术不仅可以提供事物自身的信号，还能够监测、储存、管理、整合所有与物体有关的资讯（如位置、环境），并向全球网络提交所有相关资讯；最终，建立一个面向所有使用者的网络，使人们在任何地点都能够得到所需资讯。

从网络结构上讲，USN 更侧重把原来不属于电信范畴内的信息技术（如传感器技术、标识技术以及各种近距离通信的新技术手段等）融入其中，它不是一个简单的互联网，而是一种可以支持电子生活从社区升级至"泛在社会"的智能信息架构。

USN 强调逻辑网络的服务架构，从物理构成上看，它是一个包含无线传感器网络和有线传感器网络的综合体，这两种网络都需要架构在基础性的网络之上，而这个基础性的网络就是下一代网络（Next Generation Network，NGN）。

泛在传感的基本结构包括：①传感器网络，由独立供电的传感器组成，用于收集和传输周围环境的信息；②接入网，中间或汇聚节点从一组传感器中收集信息，促进与控制中心或外部实体的通信；③基于未来 NGN 的网络基础设施；④ USN 中间件，用于收集和处理大量数据的软件；⑤ USN 应用程序平台，允许在特定应用程序中有效使用 USN 的技术平台。

5.2.1.2　泛在传感的型谱体系

图 5.5 所示为一种泛在传感的系统架构。

接入层位于泛在传感网系统架构的最底层，利用无处不在的传感器网络（UWSN）感知物理环境、设备和人员，通过通信编程接口向汇聚层提供接入服务。接入层是核心网络平台相互联系的具体依托，是应用层发挥功能的信息来源。

汇聚层位于接入层上面，将感知的原始数据有机地融合、统一地表达，并对应用层形成透明的一体化骨干网络平台，在接入层和应用层之间传输消息。其中，一体化骨干网络平台是对汇聚层所建立的骨干网络的描述，一体化指互联网、移动通信网、WiFi 网络和卫星通信网络等骨干网络的联通融合。对于应用层来讲，不需要关心具体的网络技术，只要能利用汇聚层的功能即可，因此汇聚层的技术升级、软件更新不会给应用层带来干扰，对用户来说好像透明的一样。

应用层利用汇聚层提供的计算与服务接口，开发 UWSN 应用系统；应用层是泛在的无线传感器网络（WSN）和一体化骨干组织运行的物化表现，也是 WSN 发挥各自作用的重心所在。

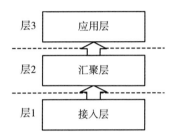

图 5.5　泛在传感器系统架构

实现泛在传感器网的专业技术主要包括感知与通信技术、网络与数据处理技术和计算与信息管理技术三大体系。感知与通信技术完成底层感知与接入，网络与数据处理技术完成数据汇聚和骨干网络的融合与路由功能，计算与信息管理技术主要实现上层应用与服务。其中，接入层由环境感知传感网模块、人员感知传感网模块、移动传感网模块、接入网络认知模块和传感网并存与协同模块组成；汇聚层由传感数据融合模块、异构网络融合模块和移动大规模路由模块组成。

5.2.2　物联网络技术
5.2.2.1　概述

物联网（Internet of Things，IoT）就是通过信息传感设备将电网、建筑、供水系统、家用电器等各种真实物体连接起来的互联网，可以实现物与物、物与人、物与网的直接通信，实现智能识别、智能定位、跟踪、监控和管理。物联网的本质与核心仍是互联网。

物联网被称作是继计算机、互联网之后的第三次世界信息产业浪潮，代表了未来计算机和通信技术的发展方向。

物联网技术的价值体现在我们生活和工作的方方面面，强大的中心计算机群使得整体社会活动和现实网络共同组建成一个巨大的网络，对所有物品实现实时的远程感知和控制，以更加精细、动态的方式管理生产生活，实现"智慧城市"乃至"智慧地球"的目标。

在公共安全领域，利用物联网技术对物理环境进行检测，一旦发现不稳定因素，如地震、火山爆发前的迹象，可以运用物联网传感技术及时发出警报，提前做好预防措施。在城市智能管理系统，利用物联网技术对重要地区监控，可以增强网络的数据分析能力和传输能力，从而保障公共安全。例如，上海浦东机场安装了数万个感应传输节点，组成一个有效协同系统；2010 年上海世博会期间使用的移动车务通也利用了先进的物联网技术，对保障世博园周边安全以及交通畅通具有重要作用。

在生态环境领域，对空气质量、城市噪音等生态指数进行监测，利用移动通信系统同相关环境部门保持联动，利用传感器技术、通信技术完善对热力资源、楼宇温度等系统的监测管理，保障社会环境维护工作的进行。

在平安城市建设中，将"全球眼"摄像头安装在大街小巷，通过采集视频图像并进行智能分析，进一步识别城市环境的安全隐患，再将该设备与警力建立联动，实现探头、人、报警系统三者之间的相互交流，进一步构建和谐的城市环境，这也是对物联网技术的应用。

我国在推动物联网建设和发展方面的工作主要包括：①实现关键核心技术的突破，结合物联网特性，在突破共性技术时，研发和推广应用技术，加快行业和领域物联网技术解决方案的研发和公共服务平台的建设，利用应用技术来支撑应用创新；②制定我国的物联网发展规划，全面布局，重点发展高端传感器、智能传感器、传感器网关以及终端设备软件和信息服务；③推动典型物联网应用示范，发挥带头作用，以应用引导和技术研发的互动式发展，带动物联网产业发展，深度开发物联网采集的信息资源，提升产业链的整体价值；④加强物联网国内外标准，保障发展，做好顶层设计，形成技术创新、标准、知识产权的协调互动机制，加快制定、实施、应用关键标准，并积极参与国际标准的制定工作，合力推动国内自主创新成果迈向国际。

5.2.2.2 物联网的特征、架构

作为"物物相连的互联网"，物联网的互联对象大致可以分为两种：一是智能小物体，通常具有体积小、能量低、储存容量小、运算能力差等特点，如传感器网络；二是无前述限制的智能终端，如智能家电、监控设备等。物联网通过传感器、射频识别（RFID）等关键技术实现对物品信息的实时获取，在信息采集手段上取得革命性的突破。

物联网的特征为：①终端多样，生活中的任何物体都能成为连接入网的对象；②自动感知，通过在物体内部植入微型芯片，使其拥有"知觉"，可以感受状态和属性信息；③传递可靠，先进的通信技术和互联网技术的融合，确保将信息准

确无误、实时地向外传递；④智能处理，获取海量的实时数据信息，通过智能计算进行分析处理，实现智能控制。

对于物联网的架构设计研究，通常是以技术为出发点解决本体表达、人机交互、服务发现、数据处理、互操作、安全这 6 类关联问题，或者是提出一种通用的面向各种需求的物联网架构。依据目前的行业共识，物联网的体系架构可以分为三层，自底向上分别为感知层、网络层、应用层，分别对应自动感知、传递可靠、智能处理 3 个特征。

感知层：主要为各类终端和终端外设。终端是内嵌有远距离通信模块的通信设备；终端外设是传感器、RFID 读写器、执行器等外部设施，可以增强局域网络的接入及管理能力。同时，为了将局域网络接入运营商网络，需要相关网关设备，即感知接入网关。

网络层：包括业务支撑系统、网管系统、接入网、传输网、核心网、业务网，这一层可以接收感知层的数据并传输至应用层，还可以接收应用层的指令传递给感知层。业务支撑系统用于满足物联网的业务受理、计算费用等业务要求；接入网、传输网、核心网要针对物联网的通信特征进行优化，与负责提供统一开放接口的业务网共同构成整体的网络能力。

应用层：包括支撑平台子层和应用服务子层，前者具备跨行业、跨应用、跨系统之间的信息共享功能，后者更加具备行业特性以挖掘并整合行业信息，各种应用设施为物联网应用提供接口。

图 5.6 是基于物联网技术的智能配电网架构示意图，拥有数据处理云平台、配电信息传输网络、智能配电变终端三部分。底层的智能配变终端可以实时采集配电网运行数据，在配电信息传输网络中根据环境不同通过光纤传输、蜂窝无线网传输等方式方便快捷地将数据传至数据处理云平台，后者可以对整个物联网区域进行实时监控和综合管理，有利于提高电网运行的安稳性。

5.2.2.3 物联网平台

物联网平台作为枢纽，是设备、信息、数据交互和处理的核心环节，在物联网的架构中起到了承上启下的作用。物联网平台向下可以汇聚感知层和网络层，汇集数据，管理终端；向上可以为应用层提供基础平台和统一接口。主要分布在通信领域、互联网领域、软件服务领域、垂直领域，其中知名的厂商有西门子、华为、百度云、阿里云等。

物联网平台的定位主要有两点：一是解决物联网业务需求碎片化，赋能物联网业务快速开发和部署的技术基础，既要屏蔽差异性的网络传输技术、设备管理模式、数据表达格式，又要提供通用的资源注册、发现、存储等共性技术。二

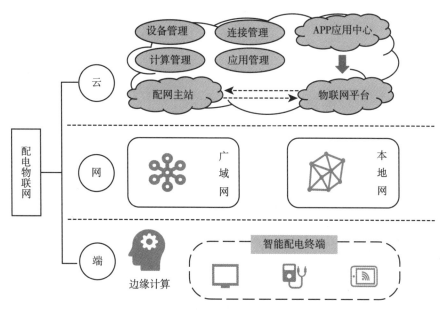

图 5.6 基于物联网技术的智能配电网

是物联网产业生态的基础，因为可以连接感知终端、汇聚数据资源、支撑应用服务、促进产业链上下游协作，物联网平台对整个产业链的掌控力是巨大的。

按照不同的平台能力，物联网平台可以分为四类，即连接管理平台、设备管理平台、应用支撑平台、大数据分析平台（图 5.7）。

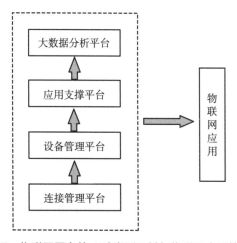

图 5.7 物联网平台的 4 种类型及其与物联网应用的关系

目前，国际影响力较大的物联网共性平台技术是 oneM2M 标准，其在功能演进方面起到引领的作用，既符合电信运营商的定位，又能提供合适的公共服务，涵盖网络连接管理、设备管理、内容和数据处理等。

例如，在 2022 年北京冬奥会中，可以利用物联网平台构建一个强大稳定的综合信息管理系统。

首先明确总体要求。物联网平台必须能对运动赛场的环境进行实时监控，捕捉运动员动作，并将比赛实况、交通出行等信息及时发布，观众可以在应用软件享受个性化服务。以物联网的三层架构为基础，前段的感知网络为 WSN 无线传感网络，具有成本低、功耗低、可靠性高的特点，对环境数据进行采集，通过互联网传输信息并汇总到后台数据库，成为服务于冬奥会的数字化应用平台、网络数据中心、智能监控中心。

其次构建总体架构。包括三个部分：一是信息感知系统，位于最前端，其中的数据采集层通过传感器获得海量实时信息并组合、标识，这里涉及传感器、RFID、多媒体信息采集、二维码和实时定位技术，短距离通信技术和协同信息处理层可以降低数据信息的冗余度，通过无线传感网接入广域承载网络，实现在物联网中的信息共享。二是信息传输系统，这一部分的作用就像是桥梁，负责将环境信息和体育信息通过移动通信网、卫星网、互联网等基础网络传输给信息服务管理系统。三是信息服务管理系统，包括智能处理层、窗口展示层、安全保障层，不仅能实现海量分布式信息的智能处理、及时准确的查询服务，还能防治病毒、备份数据、控制访问，为信息安全架设防线。

最后，以长远发展为基础，贯彻可持续发展理念，采用分阶段模式建设。第一阶段为物联网实体与虚拟平台共建阶段，时间是冬奥前和冬奥期间；第二阶段为全面建设阶段，时间是后冬奥时期。

5.3 数字赋能技术

全球新一轮科技革命和产业革命加速推进，信息技术与智慧能源深度融合，尤其是集成各种信息技术的数字生态平台，改变能源生产和消费的各个环节。本节从五个方面介绍数字赋能技术与能源行业的联系，以彰显数字化全面赋能、数字平台驱动智慧能源构建的重要意义。

5.3.1 能源大数据、电力大数据、数据中台
5.3.1.1 能源大数据
随着大数据分析技术在各应用领域的蓬勃发展，其在能源管理领域的应用越来越广泛。能源大数据的主要数据来源是采集企业能源数据，包括企业的经济数据、用能设备数据、生产数据等。

如图 5.8 所示，能源大数据具有"4V"和"3E"的特征。

"4V"指的是：Volume（体量大），大数据分析技术产生的大量数据对能源

行业构成了巨大的挑战，不仅表现在存储方面，还表现在数据的处理和分析上。Velocity（速度快），对于智能能源系统中的许多实时任务，如设备可靠性监测、故障预防或安全监测，要求数据的采集、处理和使用速度非常快。Variety（类型多），智能能源系统的数据类型复杂，不仅有传统的结构化关系数据，还有天气数据等半结构化数据，以及音视频、客户行为等非结构化数据。Value（低价值密度），能源大数据本身是没有意义的，除非能发现有价值的知识，支持整个能源管理过程中有效和高效的决策。此外，能源大数据的价值是稀疏的，这意味着从大量数据中挖掘出的知识和获得的价值可能是有限的。

"3E"指的是：Energy（数据即能量），能源大数据的应用过程即能源数据能量释放的过程，从某种意义上讲，通过能源大数据分析达到节能减排的目的，就是对能源基础设施的最大投资。Exchange（数据即交互），能源系统中的大数据需要与其他来源的大数据进行交换和集成，以更好地实现其价值。Empathy（数据即共情），基于能源大数据分析，可以提供更好的能源服务，更好地满足用户需求，提高消费者满意度。

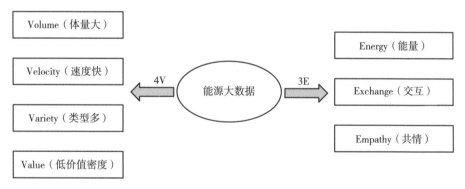

图 5.8　能源大数据"4V"和"3E"的特征

5.3.1.2　电力大数据

电力大数据分析，是以行业发展趋势预测、大数据价值挖掘为目标，运用大数据整合管理、数据分析储存、大数据统计、数据分析价值挖掘等方面技术，实现面向典型业务场景的模式创新及应用提升。

在新形势下，通过对电力大数据的分析运用来提高企业的管理水平和竞争力将是电力企业的必由之路，电力大数据时代已经开启。我国电力需求侧管理的发展，亟需充分利用信息化系统和大数据技术，探索目前瓶颈问题的解决方法，挖掘海量数据蕴藏的价值。目前电力大数据面临的主要挑战如下。

数据融合存在障碍：由于用户侧多个信息化系统在建设初期缺乏统一规划，不同系统之间存在数据壁垒，导致数据结构不统一、同种数据重复存储、统计计算模型不一致、时间颗粒度难统一等问题，难以形成全面的数据共享。数据融合是大数据分析的基石，突破数据壁垒、实现信息资源共享是大数据分析应用的关键问题。

数据质量参差不齐：目前，电力行业数据在可获取的颗粒程度，数据获取的及时性、完整性、一致性等方面的表现均不尽如人意，行业中企业缺乏完整的数据管控策略、组织以及管控流程。

硬件设备承载力有待提升：目前，电力企业虽已普遍形成了一体化的企业级大数据综合网络平台，可以满足企业日常业务的数据处理需求，但其信息网络传送能力、数据储存能力、信息处理能力、数据交换能力、数据展示能力以及数据交互能力等均已无法适应电力大数据的特点，尚需逐步完善。

隐私保护和信息安全面临挑战：电力需求侧大数据必然会涉及众多用户的隐私，但是目前用户数据的收集、存储、管理与使用等缺乏规范和监管。

相关人才欠缺，专业人员供应不足：电力大数据的发展需要新型的专业技术人员，如大数据处理系统管理员、大数据处理平台开发人员、数据分析员和数据科学家等。当前行业内此类技术人员缺乏，将会成为影响电力大数据发展的一个重要因素。

5.3.1.3　数据中台

传统 IT 建设方式下，企业的各种信息系统大多是独立采购或者独立建设的，无法做到信息的互联互通，导致企业内部形成多个数据孤岛。互联网的发展带来很多新的业务模式，很多企业尝试通过服务号、小程序、O2O 平台等新模式触达客户、服务客户，新模式是通过新的平台支撑的，产生的数据与传统模式下的数据也无法互通，这进一步加剧了数据孤岛问题。分散在各个孤岛的数据无法很好地支撑企业的经营决策，也无法很好地应对快速变化的前端业务。因此需要一套机制融合新老模式，整合分散在各个孤岛上的数据，快速形成数据服务能力，为企业经营决策、精细化运营提供支撑，这套机制就是数据中台。

5.3.2　云计算、云平台

5.3.2.1　云计算

云计算是一种将可伸缩、弹性、共享的物理和虚拟资源池以按需自服务的方式供应和管理，并提供网络访问的模式。云计算模式由关键特征、云计算角色和活动、云能力类型以及云服务分类、云部署模型、云计算共同关注点组成。

《云计算概述与词汇》中对云计算技术的关键特征进行了具体规定，具体如下。

广泛的互联网连接：可使用网络通过标准机制访问物理和虚拟资料。这里的标准机制将有助于通过异构用户平台使用资源。这个重要特征强调了云计算技术使用户能够更简单地访问网络资源。

可计量的服务： 可计量的服务使业务使用情况可监测、管理、报告和计费。利用该特点，可以优化和验证已提供的云业务，客户只需要对所使用的资源付费。从客户服务中心的角度看，云计算已经为用户创造了价值，并使用户由低效率和低资产效率的服务模式逐步过渡到高效模式。

多租户： 利用对物理或虚拟资料资源的分配，保证众多租户的计算和数据处理资源相互分离且互相无法访问。在典型的多租户环境下，组成租户的一个云服务用户同样也构成了一个云服务的客户团队。特别是在公共云服务和社区云部署的模式下，每一个云服务用户都由来自不同客户的用户所构成。一个云服务客户组织和一个云服务提供者之间也可能存在多个不同的租赁关系，这些不同的租赁关系代表云服务客户组织内的不同小组。

按需自服务： 云服务客户可以按照需求自动配置计算能力，只需和云服务提供者进行最少的互动。这个重要特点使云计算服务为人们减少了时间成本和运营成本，且使用者之间不需额外的人工交互。

快速的弹性和可扩展性： 物理或虚拟资源可以迅速、弹性、高度自动化地提供，以满足迅速增减资源的目的。对于云服务客户而言，可以提供的物理或虚拟资源数量无限之多，并且可以在任意时候订购任何数量的资源，购买量也仅仅受到服务协议的约束，使用户不必再为资源量和容量规划操心。

资源池化： 将所有云服务提供者的物理及虚拟化资源加以整合，从而服务于一个或众多云服务客户。这使云服务提供者既可支持多个租户，也可通过抽象对用户屏蔽资源的处理复杂性。对于用户而言，在网络覆盖的区域，可以通过多个客户端设备，包括移动电话、平板、笔记本电脑以及工作站访问资源。

5.3.2.2　中科院网络中心人工智能云平台

"人工智能计算及数据服务应用平台"是中国国家科技云基础设施的主要部分。该平台将依托于国家高性能计算环境，支持提供的软硬件资源共享、统一的网络资源调配与管理服务，以及广分布的云存储业务和高速网络，主要面向与人工智能应用领域密切相关的科研机构和企业应用的特殊需要，为使用者提供方便易用的计算技术与大数据服务，进行人工智能应用领域的关键技术开发与重要科研成果的快速运用、普及和成果转化，从而高效地保障人工智能应用领域的健康高速发展。

5.3.3　移动互联网与区块链

5.3.3.1　移动互联网在智慧能源领域的发展趋势

当前，移动互联网产业发展正在从技术驱动到需求驱动阶段，应用和模式创新取代技术颠覆成为显著特征。移动互联网让互联网成为实体经济社会不可分割的一部分，互联网的作用也绝不再是简单的提升效率，而成为各行业的颠覆性力量。

移动互联网在智慧能源领域的发展趋势如下。

改善带宽：为满足移动互联网日益增长的数据需求，以提高可用带宽为目标的实用解决方案和研究已成为热点。网络运营商采用的一种常见技术是减小小区大小以传输更多的数据。但是，这种临时解决方案仍然不能满足需求，而且可能会造成严重干扰。目前，提高带宽的研究主要集中在物理层容量和传输层聚合方面。

重视安全：安全是传统有线网络的一个重要问题。在移动互联网中，由于环境和用户的高度动态，互联网主机更容易受到攻击，安全问题变得更加重要。

改善节能：为了支持更多的用户和动态的高峰值容量，新的无线基础设施和技术正在被更广泛、更密集地部署和引入，在提高系统容量和传输速度的同时也消耗了更多的能源。无线基础设施的能耗增长如此之快，将运营商从沉重的能源负担中解救出来的节能技术显得尤为重要和紧迫。

5.3.3.2　区块链赋权的社会最优交易能源系统

区块链是一种按时间顺序将不断产生的信息区块以顺序相连方式组合而成的一种可追溯的链式数据结构，是一种以密码学方式保证数据不可篡改、不可伪造的分布式账本。共识机制、智能合约和 Token 机制是区块链技术体系的核心特征；分布式存储与通信及网络治理为支撑区块链体系的必要组件技术。现阶段区块链智能合约生态逐渐建立，未来应用趋势将深化——商业领域合同执行、共享经济领域渗透率提高，在法律、证券、征信、教育、医疗等场景也将投入应用。

随着智能电表、可再生能源和表外储能的普及，我们的家庭正在变得更环保、更智能。智能住宅配备了可再生发电机和能源存储，可以智能地管理家庭的发电和需求。为了进一步提高电力系统的效率和弹性，智能家居鼓励彼此交换能量。因此，智能电网上的可交易能源吸引了学术界和工业界的强烈兴趣。点对点（Peer-to-Peer，P2P）能源交易（ET）作为一种可行的能源交易实现，为系统和用户提供了一个有前景的解决方案。利用 P2P ET，客户可以通过现有的电网与他人交换多余的能量，从而获得利益，提高系统的社会福利。然而，在 P2P ET 被广泛接受并部署到智能电网之前，必须解决以下挑战。

首先，由中心节点（通常是电网运营商）控制的集中式能源市场结构容易出现单点故障，限制了系统的信任。在这样一个系统中，交易过程对用户是不透明的；因此，用户可能不相信匹配结果和价格，从而阻碍用户参与 ET 系统。第二，P2P ET 在独立用户之间很难平衡社会福利和个人用户的利益。第三，用户隐私（如身份和能源消费记录）在集中式 ET 系统中是脆弱的。最近，加密货币和去中心化应用的蓬勃发展，促进了区块链技术在各个领域的广泛应用。作为加密货币的底层技术，区块链是一个由一组具有共识协议的节点维护的去中心化账本（或数据库），因此不需要一个权威的中心节点。此外，通过支持智能合约，区块链（例如以太坊）提供了一个可靠的计算平台，用户可以在上面运行通用计算机程序。目前已有学者开发了一种社会成本最小化的激励机制和一种互联微网的分布式隐私保护 ET 算法，以及将区块链与一种新的去中心化 P2P ET 算法相结合开发的高效和保护隐私的能源交易系统。

5.3.4　人工智能、AI 中台

5.3.4.1　人工智能赋能电力行业

自 1956 年标志人工智能正式诞生的达特茅斯会议召开以来，人工智能的发展历程经历了三次高潮与两次寒冬（图 5.9）。

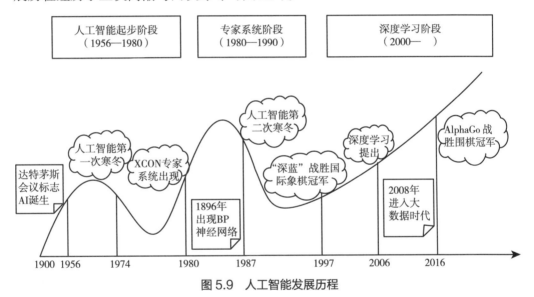

图 5.9　人工智能发展历程

电力行业是确保持续生产和向消费者供应电力的部门，是一个非常复杂的人工系统，致力于探索提高能源输送效率和可靠性的方法。全球电力行业正在通过整合先进的数字技术，改变传统的发电、传输和配电技术，发展趋势主要有电气化、去中心化和数字化。

电气化：通过触发相关的分布式资源和通过供暖和运输，使经济的大部门电气化来实现长期的碳排放目标。可以通过电动汽车、车到家 / 网、智能充电等技术来实现。

去中心化：向数字化和互联化的电力系统转变，该系统将与分布式能源协调处理中央发电。一旦该行业似乎开始探索传统电网之外的可能性，如风能系统、

太阳能光伏系统和高科技储能系统，它就可以将老式电网改造成一个更智能、互联的系统，称为智能电网。

数字化：可以实现开放、实时的自动化通信和系统自动化，其主要目标为优化资源利用、提高能源效率、提高系统可靠性、提高系统安全性和经济配电消费者。传统的电力系统分析、控制和决策方法大多采用物理建模和数值计算的方法。

5.3.4.2　人工智能中台

人工智能中台是实现人工智能技术在千行百业中快速研发、共享复用和高效部署管理的智能化基础底座，是智能化能力普惠的关键基础设施。人工智能平台赋能企业中台自身，以大数据平台为基础，进行企业人工智能能力的高效生成与集中化管控，向公司内部客服中台、财物管理中台、营销平台等在内的业务中台输出人工智能服务。同时，通过与企业知识平台的合作提高企业知识的智慧制造、组合、运用等能力，以实现企业中台的智能发展。另外，人工智能平台还支持对公司服务应用的智能提升，建立设计、管理面向业务场景的人工智能工程化能力，并广泛赋能于公司的具体服务场景，如智能巡查、安全生产监测、智能质检、智能营销等，助力企业业务智能化升级。

人工智能中台包含技术服务、研发平台、管理运行三大核心层级（图5.10）。

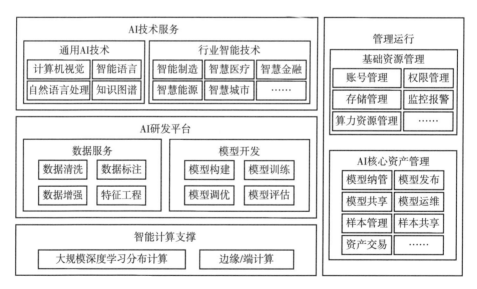

图 5.10　人工智能中台体系与功能架构

技术服务：包含人工智能通用技术以及行业化的专用技术两大模块，提供覆盖计算机视觉、智能语音、自然语言处理、知识图谱等基础技术方向在内的人工智能通用能力，以及面向制造、医疗、金融、能源等行业应用的场景化的人工智能技术服务，赋能企业快速实现多样化的应用场景创新。

研发平台：作为人工智能中台的核心能力产出，具备大规模深度学习计算支撑能力，包含数据服务体系和人工智能模型开发两大模块。数据服务体系向人工智能模型开发提供数据清洗、数据标注、数据增强、特征工程等能力，保障人工智能研发高质量、高效率的数据供给。人工智能模型开发模块面向企业提供包含人工智能模型构建、训练、评估等在内的机器学习、深度学习能力，并通过自动机器学习技术，降低模型研发门槛，加速企业智能应用创新。

管理运行：包含基础资源管理和核心资产管理两大模块，支撑人工智能能力生产、服务、运维全流程。基础资源管理由账号管理、权限管理、存储管理、算力资源管理、监控报警等能力组成，满足企业账号权限审核、资源管理调度等内部管理需求，提升人工智能资源利用率、减少运维管理成本、优化人工智能能力使用体验；人工智能核心资产管理围绕人工智能模型、样本、算法等核心资产，提供纳管、发布、共享、运维、交易等能力，实现人工智能核心资产的跨组织跨平台管理及应用，帮助企业实现核心资产的沉淀与共享，促进企业内的协同创新生态。

5.3.5　知识中台

人工智能技术的发展使人类社会逐渐形成了智慧知识的基础处理对策体系，即知识中台。它拥有全链路的知识管理能力，进行信息的高效生产、灵活整合和智能利用。以数据处理技术为基础，知识中台能够自主地从数据处理中提取资讯，从企业服务场景的人机交互中自主推荐知识，以及从企业公司环境的人机交互中自主提取资讯，以帮助企业业务人员更加快捷、准确、智能地进行决策，进而提升企业的经营效率与业务竞争能力。知识中台服务是基于企业大数据分析应用的全生命周期、全面、高智慧解决方案。

知识中台架构体系涵盖基础技术、核心功能、产品矩阵三个层次（图5.11）。基础技术层提供以人工智能为核心的基础技术；核心功能层包含了知识生成、知识组合、知识运用的全过程；产品矩阵层封装了平台、应用、产业解决方案等多层产品，为各种业务、在各种场合提供完整业务。知识中台层能够为中小企业提供灵活、多变的业务方案，包含标准化产品服务、

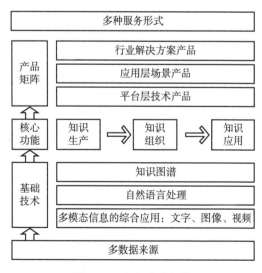

图 5.11　知识中台架构

组件化业务能力输出、整体解决方案建设以及定制业务的设计和实现等。

5.4 数字化提升技术

5.4.1 概述

"双碳"目标下，发展以新能源为主的新型电力系统已成为电力行业的时代使命，未来能源系统将以新能源为主体，以电力、热能等多种能源形式为载体，以能源技术与信息技术深度融合为特征，实现能源的互济互补和安全高效利用。

以新能源为主体的新型电力系统将是未来能源系统的核心组成部分，将呈现如下特征：①分布式资源快速增加，配电、用电形态发生巨大变化；②负荷侧实现广泛而深度的供需互动；③超高比例新能源接入，系统面临的不确定性进一步增加，电力、电量平衡压力大；④大量电力电子设备入网，系统惯量大幅降低，安全稳定运行面临巨大挑战；⑤氢能、储能、可控核聚变等新技术有望实现突破，并规模化应用到电力系统，从而革新现有电网形态。

当前电力企业呈现数字化转型趋势，采用新型数字化业务运营模式以大幅度改善数字化客户体验水平。电力企业将数字化信息转化为生产要素，通过信息技术创新和管理创新、商业模式创新融合，不断催生新产业、新业态、新模式。未来，随着"数字新基建"的开展，电力系统的数据量和数据价值将进一步提升，在以新能源为主体的新型电力系统中，数字化提升技术的应用必将极大促进电力系统的发展，具体体现在以下四个方面。

数据驱动，助力破解新型电力系统"双高"难题：在规划层面，数据驱动的规划技术可以考虑多维复杂因素，与实际模型相结合，使规划更具科学性。在运行层面，基于数据的分析技术，可以提高新能源电站的"可观、可测、可控"水平，有助于解决新型电力系统中的电力和电量平衡问题，提高电网对新能源的消纳能力；与基于物理模型的电力系统安全防护体系结合，数据驱动技术可以提高控制保护对低惯量系统的适应性，有助于解决新型电力系统中大量电力电子设备带来的安全稳定控制隐患。

数据赋能，实现电力企业运营的提质增效：基于图像识别的故障诊断技术等的智能运维技术将进一步发展，在节省更多人才和物力的同时，增加对电力系统运行状态的感知能力，提高电网的安全运行水平。电力系统的数字化建设，可以增加数据资源的复用和减少管理成本，为打破电力企业内部的壁垒提供了可行的方案。另外，数字化营业厅的建设也将节省大量人力成本，提升电力企业对终端用户的服务水平。

数据搭桥，激发能源市场活力：以数据共享共通为核心构建共享开放的电力交易平台，可以减少市场信息差，有利于市场出清结果回归电力的商品价值。同时也提高了零售端的分布式电源和需求响应参与市场的积极性，进一步释放需求侧的活力。

数据透明，推进社会公平与公正：电网的物理特性决定了其必然具有一定的垄断性。电力系统的数字化建设可以通过公开部分非密数据以提高电网运营的透明度，增加电网上下游企业参与电力业务的公平性。

有效的电力系统数字化建设可以实现对电力系统数据的赋能，挖掘新能源电力系统分布式资源和供需互动的潜力，突破新型电力系统"双高"带来的技术难题。同时，开放、共享的电力数据平台，也将为调动电力系统参与者的积极性提供有效手段，有利于搭建良好的电力产业生态，从而保障电力行业"双碳"目标任务的顺利达成。

5.4.2　案例：智能发电系统

智能发电是数字化提升的主要技术之一，是自动化、数字信息化、标准化的集合体，综合利用人工智能、大数据等技术，集成智能控制、优化算法、数据挖掘以及精细化管理决策等技术，形成一种自我学习、自我寻优、自我适应的智能发电运行控制管理模式，以达到高效、清洁、稳定的运行标准。

智能发电在我国已有一定程度的发展，但尚未真正实现"智能发电"，发电系统的深度智能化还需要攻克更多的理论和技术难题，智能化装备尚需进一步的实质性突破。现阶段的智能发电更多地集中在基于数据深度挖掘的智能化管控应用方面，目标是提升系统运行管理的综合性能。

5.4.2.1　智能发电系统的数据特点

多源获取、范围明确、位置分散、数据体量大、结构多样。发电过程数据分布于主辅机设备、生产流程、管理系统、工业以太网等各个环节，数据获取频率高、类型多，既有结构化和半结构化的传感数据，也有非结构化数据。

蕴含信息复杂，数据间的关联性强。一方面，发电机组生命周期同一阶段的数据具有强关联性，如系统工艺流程、工况、设备状态、维修情况、零部件补充采购等。另一方面，发电机组生命周期中的技术改造、生产、服务等不同阶段的数据之间也具有强关联性。

持续采集，采样速率多样化，具有动态时空特性。发电机组长时间连续运行的特性决定了其监控过程必然是连续不间断的，且根据生产流程各个环节的特性和重要程度，可采取实时、半实时、离线等采样方式。

采集、存储、处理、分析、挖掘的时序性和实时性要求高。电力生产大数据具有较强的时序性，如设备的顺序启停、设备状态的依次转换、运行故障的发生先后等，且生产层级数据流的实时性要求高，往往达到毫秒级。

数据应用具有闭环要求。智能发电的关键就是各种分析、挖掘、优化结果的闭环运行。因此，在发电系统全生命周期的各个阶段中，数据链条应具有封闭性和关联性。同时，在能量转换过程的数据采集和处理过程中，需要支撑状态感知、分析、反馈、控制等闭环场景下的动态持续调整和优化。

5.4.2.2 智能发电系统的数据功能

泛在感知——数据获取。随着传感测量方向的革新与通信技术的进步，电力生产、管理过程实现了各维度信息的实时监测与在线识别。高密度、多类型、网络化将成为智能发电系统泛在感知的重要部分。通过对初始数据的分析、处理，不断结合业务流程、互补融合，进而驱动发电系统的智能化管控。

信息融合——数据交互。运用大数据、云计算、5G 等新时代技术，对电力生产与管理过程中海量数据进行规划、处理与分析，达到深度融合多源数据的目标。通过搭建生产过程中各环节之间的信息交互与共享机制，从而使智能设备间的信息互通化，以提高后续状态估计的准确性，通过生产过程的关联分析使机组运行更具清洁性、安全性、稳定性。

智能算法——数据监控。通过将遗传算法、神经网络、机器学习等智能化方法应用于工程设计、生产调度、过程监控、故障诊断、运营管控等，使发电过程具有环境自适应、工况自学习、故障自恢复、运行自趋优等能力。

智能管控——数据决策。建立生产控制系统与生产管理信息系统之间的数据共享、业务联动机制，根据实时管理要求，调整生产计划和生产任务，将管理要求及时反映到智能发电运行控制支撑系统，根据调度要求和生产资料情况，调整生产控制策略，实现各项生产指标的最优化与企业经济效益的最大化。

全生命周期管理——数据归档。将设计过程中设备与系统的三维模型、图纸和文档，建设过程中产生的制造、安装和调试文档，以及运营过程中产生的检修台账及实时数据在同一平台上集成，利用可视化技术和三维定位技术，实现设备安装、运行和巡检的三维仿真和实时互动，实现全生命周期的状态预测和管理。

5.4.2.3 智能发电系统的数据应用架构

2004 年，华北电力大学成功研制出我国第一套火电厂厂级监控信息系统（SIS），针对火电厂生产运行对网络信息系统可靠性、安全性的要求，首次提出并实现了具有三级可靠性、二级安全性的发电厂网络结构。提出的 DCS+SIS+MIS 的火电厂厂级运行监控及生产管理模式，已成为我国火电厂设计与建设的标准配置。

随着互联网、大数据、云平台以及新的安全理念和管理技术的发展，为了适应智能化管控的需求，原有 DCS+SIS+MIS 的三层物理架构应进一步简化为如图5.12 所示的两层架构。

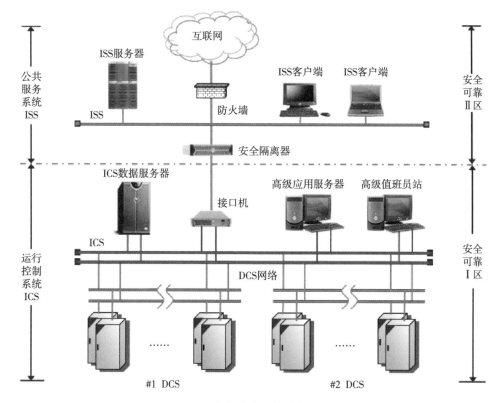

图 5.12　智能发电系统的物理架构

在此架构中，与生产运行密切相关的生产过程层网络和监控优化层网络被统一在一个物理层，具有相同的安全可靠性要求，在功能上被统称为"智能发电运行控制系统"（ICS）。管理服务层网络属于一个单独的物理层，主要提供巡检、设备维护、分析核算、移动应用等功能，称为"智能发电公共服务系统"（ISS）。两个物理层之间按照"安全分区、网络专用、横向隔离、纵向认证、综合防护"的原则实现逻辑隔离和物理隔离。

基于上述两个物理层、两个系统的划分，可以进一步梳理出如图 5.13 所示的智能发电系统数据应用架构，其核心仍然是数据的深度利用。

5.4.2.4　智能发电系统数据应用技术

智能发电是一个多学科交叉的高新技术领域，在数据深度利用方面涉及面广，其细分技术按照智能发电系统的数据应用架构，同时考虑数据交互应用中的

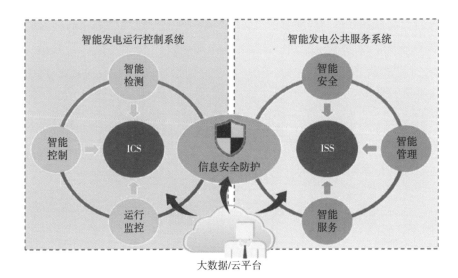

图 5.13　智能发电系统数据应用架构

安全性需求（图 5.14）。

　　智能检测技术：基于现场总线、无线传感器网络等先进通信技术，实现对发电过程中环境、状态、位置等信息的全方位监测、识别与自适应处理；基于机理模型和可测变量建立软测量模型（图 5.15），实现发电设备不可测关键状态的在线监测，为系统提供多维数据。

　　智能控制技术：基于机理分析和数据驱动模型，进行高性能多目标优化控制器设计及快速优化求解（图 5.16），包括模糊控制、神经网络控制、专家控制、

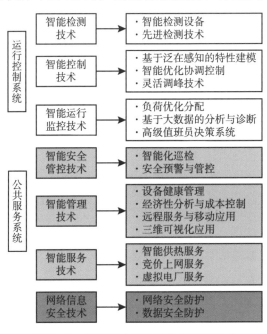

图 5.14　智能发电系统的数据应用技术

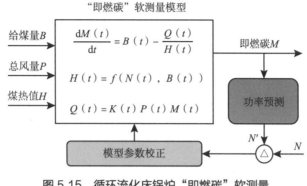

图 5.15　循环流化床锅炉"即燃碳"软测量

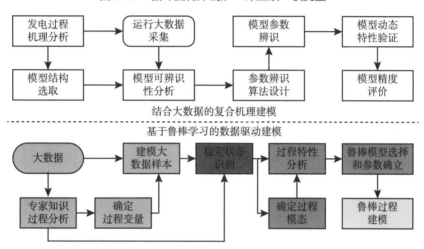

图 5.16　智能发电系统建模

分层递阶控制以及各种混合型方法。在海量检测数据的支撑下，可进行工况识别、工况特性分析、综合状态重构，进而建立发电机组多时空尺度、全工况状态感知模型，并基于机组实时/历史数据实现对模型的定期维护和在线更新，提高建模精度。发展具有模型自学习、工况自适应、故障自恢复能力的控制策略，满足环境条件、设备状态、燃料品质变化下的控制需求，实现机组全范围、全过程的高性能控制。

智能运行监控技术：通过安全、经济、环保指标在线计算与偏差分析，实现机组及厂级性能指标的闭环控制；采用大数据分析、机器学习等方法，实现设备及系统的状态监测、故障定位、在线诊断、优化决策。主要包括性能计算与耗差分析、节能减排优化控制、设备状态在线监测与故障诊断等技术。

智能安全管控技术：利用智能穿戴设备、手持智能终端、无人机、智能巡检机器人（图 5.17）等智能设备，整合智能检测技术，开发智能巡检系统以满足发电厂日常巡检需求，通过人员定位、门禁、人脸识别等物联网技术与智能视频等技术，实现对人员安全与设备操作的主动安全管控，保障安全生产。

图 5.17 智能机器人巡检

智能管理技术：利用大数据云平台、移动互联网、三维可视化等技术手段，通过生产信息与管理信息之间的数据共享与业务联动，追踪所有系统和设备的更新、维护活动及运行状态，形成人、设备、资产之间的协作机制，提高精细化管理水平，实现企业资产优化配置和整体效益的最大化（图 5.18）。

图 5.18 基于现代信息技术的智能管理技术

智能服务技术：利用现代信息技术、智能数据分析技术、多尺度预测技术等提升发电企业的服务水平将是提升企业核心竞争力的重要手段。例如，在智能供热服务领域，面对我国清洁供暖和可再生能源消纳领域的切实需求，分析电能和热能生产、传输和使用过程中的时空特性差异，利用二者的互补耦合关系，在充分了解用户用能需求的基础上，形成多能流协同调控机制，为智能供热提供策略支持服务；针对竞价上网服务，基于固定成本和变动成本分析，采用深度学习和增强学习技术，对供需关系、保本电量、发电测出力、全网负荷预测、市场竞争电价、市场交易规则等进行精准挖掘，为电厂提供立体化、多层次、多视角的竞价上网决策服务；在虚拟电厂服务层面，为适应我国区域综合能源系统的快速发展，在市场化运营模式下，通过信息流与能量流的交互，研究多能互补、虚拟集成中的协同、博弈、预测等关键技术，为虚拟电厂及其各参与方提供智能化的能量聚合服务。

网络信息安全技术：保护发电过程产生的海量生产数据及运营管理数据等信息的真实性、完整性和私密性。通过构建智能发电系统的安全防护体系和架构，可以实现智能发电系统的设备安全、控制安全、应用安全、网络安全与数据安全（图 5.19）。

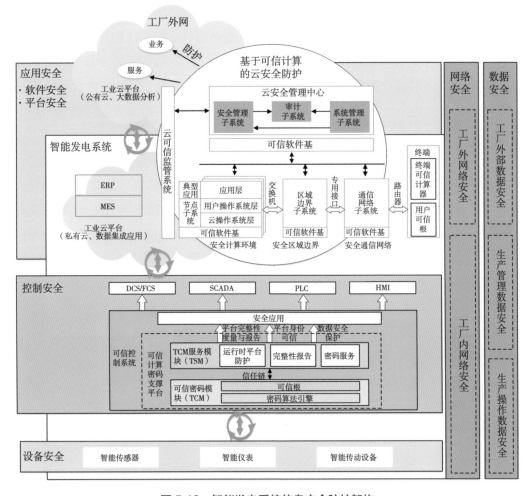

图 5.19　智能发电系统信息安全防护架构

在信息安全隔离基础上，智能发电运行控制支撑系统部署入侵检测、安全审计、恶意代码防范、主机及网络设备加固等系统，提升网络安全防护能力，保障工控系统的安全稳定运行。为避免智能发电系统数据被盗取或丢失，借助加密技术、身份认证等数据安全防护技术；为确保数据信息的安全访问，结合数字证书、常规口令、安全芯片等身份认证技术。

智能化已成为我国能源电力转型发展的必然趋势。智能发电是一个多学科交叉的高新技术领域，需要基础理论、关键技术、体制机制的创新，需要通过"产学研用"合作加以推进。数据是智能发电系统运行的原动力，在信息流与能量流的融合发展中，支撑数据的基础设施已较为完善，但相应的数据深度处理与应用技术还需要不断加强，在推进电力工业智能化的道路上，围绕数据的装备与技术突破将起到至关重要的作用。

智能发电更多体现的是在信息化、智能化技术基础上的业务应用，具有很强的专业性，因此基于领域专家的应用功能研发将是智能发电的核心。

智能发电的发展需要经历由初级形态向高级形态、由局部应用到系统应用的历程。由于发电系统智能化装备与技术的发展还不充分，对应用需求的分析和理解还须进一步深化，因此在数字化电厂框架下的局部智能化将是当前的主要发展模式。

5.5　本章小结

柔性装备技术、泛在传感与物联网络技术、数字赋能技术和数字化提升技术，对智慧能源发展起到重要支撑作用。其中以 FID 和 FMS 为代表的柔性装备技术主要应用于能源设备的灵活控制；泛在传感与物联网络技术主要实现能源信息的自动采集、自动分析处理；以大数据、云计算和人工智能为代表的数字赋能技术能够将用户的用能信息及其他环境信息进行数据挖掘，一方面获取用户用能行为特征、刻画用户用能特点为用户提供多能协调的综合用能方案，另一方面实现能源设备的灵活控制、优化协调，帮助管理人员更加快捷、准确、智能地进行决策；数字化提升技术主要能够提升资源配置效率、提高风险管控水平，助力突破新型电力系统高比例新能源与高比例电力电子装置的"双高"困境带来的技术难题。

可以预见，随着现有技术的不断迭代成熟和未来新兴技术的不断加入应用，智慧能源的发展将有力支撑我国新型电力系统的建设以及双碳目标的顺利实现。

参考文献

[1] 周剑桥，张建文，施刚. 应用于配电网柔性互联的变换器拓扑 [J]. 中国电机工程学报，2019，39（1）：277-288.

［2］胡鹏飞，朱乃璇，江道灼 . 柔性互联智能配电网关键技术研究进展与展望［J］. 电力系统自动化，2021，45（8）：2-12.

［3］钟森 . 智能配电网中柔性多状态开关的应用研究［J］. 自动化应用，2021（6）：108-109.

［4］杨勇，李继红，周自强 . 智能配电柔性多状态开关技术、装备及示范应用［J］. 高电压技术，2020，46（4）：1105-1113.

［5］陈志业 . 面向中低压配电网的柔性多状态开关拓扑选型研究［D］. 杭州：浙江大学，2020.

［6］陈如明 . 泛在 / 物联 / 传感网与其它信息通信网络关系分析思考［J］. 移动通信，2010，34（8）：5.

［7］赵慧玲，江志峰 . 泛在传感器网络和业务［J］. 电信科学，2009，25（12）：1-3.

［8］张远，孙润元，马爽，等 . 一种泛在传感网系统架构及其实现方法：CN103281233B［P］. 2016-03-30.

［9］张新程 . 物联网关键技术［M］. 北京：人民邮电出版社，2011.

［10］何立民 . 物联网概述第 1 篇：什么是物联网？［J］. 单片机与嵌入式系统应用，2011，11（10）：3.

［11］韦乐平 . 物联网的内涵、特征、策略和挑战［J］. 电信网技术，2011（4）：23-27.

［12］周桢 . 物联网概述［J］. 信息安全与通信保密，2011，9（10）：3.

［13］李冬月，杨刚，千博 . 物联网架构研究综述［J］. 计算机科学，2018，45（S2）：27-31.

［14］龚帅华，车泽耀，王杰 . 物联网在智能配电网系统架构中的应用［J］. 电子技术，2021，50（12）：256-257.

［15］叶文超，马涛 . 物联网平台发展分析及建议［J］. 广东通信技术，2018，38（12）：17-20.

［16］许利军，许向前 . 张家口冬奥会信息服务物联网平台建设模式研究［J］. 张家口职业技术学院学报，2016，29（1）：5-7.

［17］贾雪琴，胡云，邢宇龙 . 物联网平台及其云化平台的开放性评估［J］. 信息技术与网络安全，2018，37（1）：62-64.

［18］Zhou K，Fu C，Yang S. Big data driven smart energy management：From big data to big insights［J］. Renewable & Sustainable Energy Reviews，2016（56）：215-225.

［19］Akhavan-Hejazi H，Mohsenian-Rad H. Power systems big data analytics：An assessment of paradigm shift barriers and prospects［J］. Energy Reports，2018（4）：91-100.

［20］楼振飞 . 能源大数据［M］. 上海：上海科学技术出版社，2016.

［21］Hui J，Wang K，Wang Y，et al. Energy big data：A survey［J］. IEEE Access，2017（4）：3844-3861.

［22］袁哲 . 电力大数据应用综述［J］. 电工技术，2021（11）：189-191+195.

［23］唐瑞伟 . 电力大数据应用现状及发展前景［C］// 电力行业信息化优秀论文集 2014——2014 年全国电力行业两化融合推进会暨全国电力企业信息化大会获奖论文 . 中国电力企业联合会，2014.

［24］Wang L，Laszewski G V，Younge A，et al. Cloud Computing：a Perspective Study［J］. New

Generation Computing, 2010, 28（2）: 137-146.

［25］Wu J P, Li H W, Sun W Q, et al. Technology Trends and Architecture Research for Future Mobile Internet［J］. China Communications, 2013, 10（6）: 14-27.

［26］Yang Q, Wang H. Blockchain-Empowered Socially Optimal Transactive Energy System: Framework and Implementation［J］. IEEE Transactions on Industrial Informatics, 2020.

［27］Mishra M, Nayak J, Naik B, et al. Deep learning in electrical utility industry: A comprehensive review of a decade of research［J］. Engineering Applications of Artificial Intelligence, 2020（96）: 104.

［28］刘吉臻，王庆华，房方，等. 数据驱动下的智能发电系统应用架构及关键技术［J］. 中国电机工程学报，2019, 39（12）: 3578-3586.

第6章 国内外清洁能源与智慧能源典范工程

典范工程是对技术和成果的集中验证与展示，对专业技术的研究及对应的业态模式创新应用均具有重要意义。本章选取国内外清洁能源与智慧能源具有代表性的典范工程，对其发展情况、特色技术与应用场景进行介绍。

6.1 国内清洁能源与智慧能源典范工程

在一系列国家政策法规和项目资金支持下，国内众多高校、科研机构和企业投入到清洁智慧能源系统的研究开发和应用实践中，相继建设了一批清洁智慧能源典范工程。按照主要业态特征，我国清洁智慧能源典范工程大致可分为下述几类：①通过多能互补提高电源侧调节灵活性，如国家风光储输典范工程（张北）；②软件定义能源网络，控制能量流在能量路由器间的传输，如珠海"互联网+"智慧能源工程；③通过盘活存量实现海量资源虚拟化，如广州大型城市智慧能源工程；④多行业跨界融合、创新和服务，实现集中管控与单调到多样发展，如全球天然气资源供需资讯系统项目；⑤能源数字化提升优化决策能力，如泰州海陵新能源产业园智慧能源工程；⑥清洁与智慧能源深度融合，实现多种能源一体化智能管理，走进社区、农村，如苏州同里区域能源互联网工程和小岗村美丽乡村综合能源工程。

6.1.1 国家风光储输典范工程（张北）

国网新源张家口风光储示范电站有限公司于 2013 年在张家口市坝上地区建设国家风光储输典范工程，旨在通过科学创新的技术手段，实现风力发电、光伏发电、储能系统蓄电以及智能电网输电的友好互动和智能调度，破解大规模可再生能源并网运行的技术瓶颈，提高电网对大规模可再生能源的接纳能力，实现智能电网对可再生能源集约化发展的有力支撑。

国家风光储输典范工程规划总建设规模为风力发电500兆瓦、光伏发电100兆瓦、储能系统70兆瓦，主要包括风电、光伏、储能三大系统，风电机组、光伏阵列和储能系统分别经过升压变压器接到35千伏母线，再经过220千伏智能变电站接入智能电网。该工程位于河北省张家口市张北县及尚义县境内，是目前世界上规模最大，集风电、光伏发电、储能及输电工程四位一体的可再生能源项目（图6.1）。

图6.1 国家风光储输典范工程建设效果图

项目采用全球首创的"风光储输联合发电"技术路线，在智能电网框架下，构建新能源发电领域自主创新和试验示范两个平台，带动风电和光伏发电相关产业技术升级，促进风电、光伏并网技术标准和管理规定出台，是提升新能源综合利用水平的重大科技创新工程，为有效解决新能源大规模并网的世界性技术难题进行了突破性尝试，其代表性技术如下。

风光储多组态运行技术：风电系统、光伏系统和储能系统在拓扑结构上具有既相互独立又互为补充的特点，这决定了风光储系统运行模式的多样性。联合发电控制系统可根据调度计划、风能预测和光照预测，对风电场、光伏电站、储能系统和变电站进行全景监控、智能优化，实现风光储系统6种组态运行模式的无缝切换。

平滑风光功率输出与削峰填谷：平滑新能源发电波动方面，风光发电与储能互补，储能监控系统内的自动平滑程序可根据运行要求，按照设置好的平滑范围控制储能机组吞吐风光发电，实现多时间尺度平滑风光发电出力波动在规定范围内。削峰填谷方面，在电网负荷低谷和高峰时段启动储能装置进行充放电，储能系统削峰填谷功能实时满足上层调度系统下发的储能系统功率需求命令，即实时响应上层下发的削峰填谷计划对应的功率命令值，以保证削峰填谷的应用效果。

跟踪计划发电与参与系统调频：在风光储典范工程中，全景监控系统基于日前风光预测功率情况，制订风光储的调度计划。储能电站监控系统依据上层调度下发的当日调度计划，通过控制储能电站的充放电功率，实现跟踪调度发电计划的功能。储能系统实时补偿联合发电实际功率与风光储发电计划间的差值，使得风光发电由一个出力波动电源转化为出力确定的电源，实现风光储联合发电像常规电源一样可以完成计划发电工作。在调频控制中，储能电站监控系统针对上层调度下发的储能电站总功率需求指令，基于各储能单元通过变流器实现对各储能单元电池间的功率协调控制与能量分配功能，以实现满足储能电站功率需求的同时，确保各储能单元电池组的储能单元控制在预期的范围之内。

国家风光储输典范工程通过对风电系统、光伏系统、储能系统协调运作，实现了平滑新能源发电波动、跟踪调度计划出力、削峰填谷、系统调频功能试验和网调直控。使风电、光伏发电波动率由平滑前的 15.18% 和 6.56% 降低为平滑后的风光储联合发电波动率 3.79%，实现了风光发电波动率小于 7% 的控制目标，达到了跟踪发电计划误差小于 3% 的应用需求。通过执行能量管理系统中的储能调频模式，储能电站实时总功率跟随上层调度下发的目标功率值偏差小于 0.5%，达到储能调频的应用需求。

6.1.2 珠海"互联网＋"智慧能源工程

珠海"互联网＋"智慧能源工程是依托珠海经济特区、所辖自贸区和科技园区，建设支撑消费侧革命、纵跨城市－园区两级的"互联网＋"智慧能源工程。工程解决了以珠海为代表的、以高新产业为主体的城市或园区用能需求问题，通过技术手段、运行机制、商业模式三方面创新，提高物理网架的能源协同能力，打破各类资源间的数据壁垒，突破传统僵化能源服务模式的制约。

项目工程建设内容分为物理层、信息层和应用层（图 6.2）。物理层建设智能化的基础设施，构建综合能源网络；信息层基于大数据技术搭建云平台，促进市场各方积极互动；应用层建设运营业务管理网，打造智慧服务。

柔性多端交直流配电技术：建成了世界首例多电压等级的柔性多端交直流混合配电网，创新性地应用了多项柔直配网关键技术和设备。该输电技术具有可向无源网络供电、不会出现换相失败、换流站间无需通信以及易于构成多端直流系统等优点。工程建设实现了柔直配网技术与装备的突破，拓展了交流配电网高可靠运行新模式，解决了能源互联互通、配网智能高效的问题。在横琴自贸区建设了高可靠性交流配电网，采用了高可靠性地双链环网架结构，应用了一体化多层

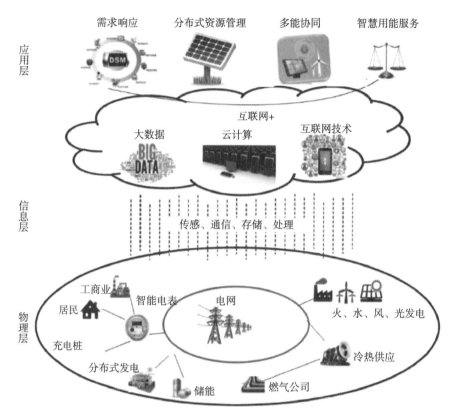

图 6.2 珠海"互联网 +"智慧能源工程总体架构图

次的配网保护技术，配电网整体具备自愈控制功能，大幅度提高了整个系统的供电稳定性。

智慧能源大数据云平台：工程面向全市部署智慧能源终端和多元通信网络，建成了智慧能源大数据云平台。平台通过多能信息采集终端和低压集抄、4G 等多元通信网络，接入冷、热、电、气、风、光、储等各种综合能源数据，集成电网生产、营销、地理信息系统以及电力市场交易、气象和地图等多达 10 余类能源信息并有效管理，提供数据资源服务。在建设过程中还搭建了云平台内外网环境，可实现安全访问。该工程解决了各类资源信息互联及海量数据融合的问题，同时为各类市场主体提供了共享互动平台。

智慧能源运营服务：面向横琴自贸区建设了智慧能源运营平台，为能源企业、售电公司、用户、分布式资源所有者等各类主体提供参与能源互联网运营的渠道设施，打造出开放的能源互联网生态。平台主要包括多能协同运营、分布式资源管理、需求响应和智慧用能服务四大子功能，通过运行机制创新，实现基于互联网理念与技术的分布式资源管理，适应市场机制的需求响应和智慧用能服务。

工程首次成功应用了"物理、信息、应用"三层模式开展能源互联网工程建设，验证了互联网建设总体架构建设的可行性。项目形成的一整套成套技术和建设方案，例如柔直配网成套与工程设计、智慧能源大数据云平台设计、互联网化综合能源服务设计等成果，具备极强的经济性与模范性。工程的建成与深化应用，持续推进了配网智能化、提升能源信息化水平、促进能源互联网生态的形成和发展，进而推动分布式资源的建设与能量消纳，提高清洁能源比例，助力"双碳"目标实现。

6.1.3 苏州同里区域能源互联网工程

苏州同里区域能源互联网工程是国网江苏电力与苏州市人民政府共同建设的苏州国际能源变革发展典范工程。该工程按照"能源供应清洁化、能源消费电气化、能源利用高效化、能源配置智慧化、能源服务多元化"的建设思路，集聚能源领域先进的技术和理念，打造一个多能互补、智慧配置的能源微网，是一个独具特色的绿色低碳园区。

该工程位于同里古镇北侧约 800 米，总体结构如图 6.3 所示。工程包括光伏发电系统、斯特林光热发电系统、风力发电系统、地源热泵冰蓄冷以及混合式储能系统。区内清洁能源总装机容量 900 千瓦，引入区外光伏发电约 2 兆瓦，地源热泵冰蓄冷 2200 千瓦，配置预制舱混合式储能 1.2 兆瓦·时、梯次利用电池储能

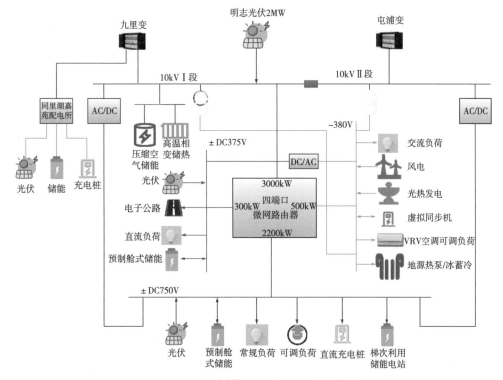

图 6.3 同里区域能源互联网工程总体结构图

2兆瓦·时。充分利用区内外清洁能源，实现区域能源清洁供应和就地消纳，通过风、光、储、地热等多种能源互济互补，提高能源总体利用效率。智慧能源领域的一系列关键新技术在同里区域能源互联网工程获得应用，对未来该领域工程科技发展有引领作用。

多能流能源交换与路由技术：园区共有两台微网路由器（图6.4）。微网路由器是能源网络的核心，架起了多电压等级、交直流混合系统的桥梁，能够灵活、精确地控制微网间功率的双向流动，可以实现多种电压等级与交直流电源之间的自由变换。微网路由器有两个交流电端口、两个直流电端口，四个端口可进可出，可以随意对接转换。网内实现智能控制，任何一个端口出现故障都不影响其他端口继续工作，输出电压稳定，故障率低。园区内的两台微网路由器互为备用、互联互通。该园区装设的微网路由器是目前世界上应用于工程实践容量最大的电力电子变压器，能打破不同能源边界，减少能源转换层级，实现冷热电互联互通和自由交换。通过微网路由器的应用，区域内供电可靠性达到99.99%，综合能效提升6%。

图6.4　微网路由器

绿色交通与低碳建筑：园区内建设多功能绿色充换电站、"三合一"电子公路以及负荷侧虚拟同步机等项目。创新性地应用新能源技术以及新型智能终端，将汽车、公路、路灯、充电桩等交通领域各类元素与新能源技术融合，构建智慧绿色交通服务模式。同时，融合清洁能源、储能和家庭微网路由器等技术，进行被动式建筑的智能改造，打造超低能耗的零碳建筑。其中，"三合一"电子公路集光伏发电、无线充电、无人驾驶为一体，采用路面光伏发电、动态无线充电等技术，为无人驾驶车辆进行动态充电；电子公路充电长度为370米，是目前世界上充电距离最长的公路，共敷设了178个无线充电线圈，动态充电效率达到87%，静态无线充电效率达到92%；同时还具有一定的融雪化冰功能，促进了车、路、交通环境的智能协同。区域内被动式节能建筑引入德国被动式建筑理念，具有良好的保温气密性，建筑融合清洁能源、储能和家庭微网路由器等多项技术，实现了建筑的低能耗和零碳排。被动式建筑内建有户用微网系统，该系统通过微型能量路由器接入分布式光伏，电动汽车双向充电桩和户用储能设备。在用电安全可靠的情况下实现自发自用，减少对外部电网的依赖，同时能够通过储能设备进行灵活调节，实现能量的双向传输，最大程度上消纳清洁能源，降低建筑能耗，实现绿色低碳。

源网荷储智能互动：源网荷储协调控制系统能够调配区域内储能、充电桩等各类可调节的资源，连接和控制能源各个元素，实现源 – 网 – 荷 – 储多环节和冷 – 热 – 电多能源的协调互补与控制，实现了区域电网"安全、可靠、经济、高效、绿色"自治运行目标。同时系统还具备与大电网友好互动能力，具备与上级电网的"需求响应、主动孤网、应急支撑"三种互动能力，实现对大电网的应急支撑以及削峰、错峰、填谷等功能。整个系统有助于构建"源端低碳、网端优化、荷端节能、储端互动"的运行新格局。

同里典范区自2018年10月投运启用以来，至今安全运行。根据运行指标分析，区域清洁能源消纳率达到100%，清洁能源日均发电量4600千瓦·时（含区外引入），区域直流负荷占比过半，储能年累计参与协调控制480余次、年累计平均放电量760万千瓦·时，充电桩年累计充电次数1980余次，年累计充电电量7.72万千瓦·时。近年来，同里区域能源互联网工程紧紧围绕双碳目标，建设范围从53亩地扩展至同里全境176平方千米。区域能源互联网形态更加多样化，包括智能型主网、网格型配网、多能互补型能源微网、智能开放型能源服务。已成为同里新能源小镇的能源互联展示中心、区域能源控制中心和能源综合服务中心，也是我国绿色低碳的智慧能源模范工程。

6.1.4　广州大型城市智慧能源工程

广州大型城市智慧能源工程是广东电网广州供电公司牵头建成的国内外首个大型城市能源互联网工程。通过能源互联局域网及其他各种社会资源进行整合，实现了资源的合理分配利用，支撑了城市内部能源绿色转型需求。该工程将最新能源互联网技术和业态模式应用于城市典型能源用户（新型城镇、工业园区、大型用户、电动汽车、运营商），解决特大城市面临的不同类型的用能问题。

广州大型城市智慧能源工程通过"1+3+3"建设（1个"互联网+"智慧能源综合服务平台、3个智慧园区、3个创新业态），实现了基于互联网价值发现、基于电动汽车、基于灵活资源、基于综合能源服务的四个业态模式，将广州市打造成为"高效、绿色、共享、创新"能源互联网智慧城市（图6.5）。

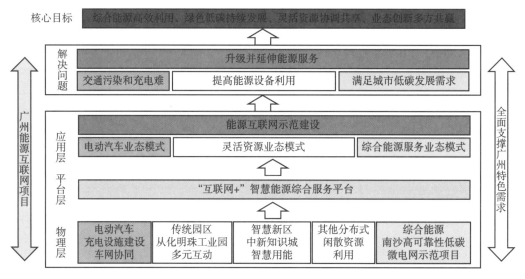

图6.5　广州大型城市智慧能源工程总体架构图

整个工程从全面支撑广州特色需求为出发点，进行能源互联网工程建设，以及升级延伸能源服务。与珠海"互联网+"智慧能源工程类似，广州大型城市智慧能源工程建设从物理层、信息层、应用层三个方面展开。物理层建设包括各智慧能源工程应用，平台层建设包括搭建"互联网+"智慧能源综合服务平台，应用层建设包括电动汽车业态模式、灵活资源业态模式和综合能源服务业态模式。

数字化储能：通过采用软件定义数字电池能量交换机系统、电池巡检云平台

图6.6　集成大功率直流充电桩、5G基站的智慧灯杆

和能量调度云平台对基站备用电池进行数字化、信息化和虚拟化，工程实现了通过信息互联网对大规模基站备用电池资源进行自动巡检和能量调度，并且提高了闲置电池资产利用效率，降低了运维成本，解决了现有通信基站大量备用电池闲置、资源利用率低的问题。

智慧灯杆：智慧灯杆将视频监控、道路指示牌、基站等杆件整合至路灯杆，较大程度上节省空间。同时，灯杆集智慧照明、视频监控、信息发布、充电桩、微基站等十多种智慧化功能于一体，实现"一杆多用"（图6.6）。

电力、电信、广电、互联网多元资源融

合：该工程作为能源互联网的建设示范，基础建设包括智能输变配设施、智能运营中心、储能电站、绿色建筑、智能楼宇等。工程建设的智能电网区域，供电可靠性99.99%，用户平均停电时间小于2分钟。在该工程中，通过利用低压电缆复合光缆代替原电力传输电缆，实现了光缆与电缆同步铺设入户。广州供电公司通过与广州电信、移动、联通三大运营商合作，在满足用户智能用电需求的同时，还为电信网、广播电视网、互联网的信号传输提供了便捷通道，推动了电网、电信网、广电网和互联网四网的深度融合。通过信息物理融合有力推动广州智慧城市的建设，落实灵活资源协调共享、绿色低碳持续发展的目标。

"互联网+"智慧能源综合服务平台：平台具备整合、集成内部资源并将各类分布式资源纳入调度平台管控的功能，为电网及园区、用户等提供并发式的能量管理服务。图6.7为"互联网+"智慧能源服务平台界面，对于已具备能量管理系统的园区、用户，平台可以实现与之的数据交互及共享，下发虚拟电厂调度指令，为园区、用户提供数据等增值服务。对于不具备能量管理系统的园区、用户，平台可以为园区、用户提供能量管理辅助决策，帮助用户挖掘运行经济效益，节省成本。对于电网用户，平台可以通过对分布式资源进行统一管理和控制，为电网调度提供可调节能力和模型，发挥虚拟电厂提升电网运行经济性和安全性的作用。

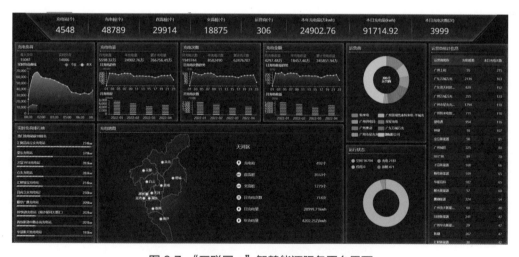

图6.7 "互联网+"智慧能源服务平台界面

广州大型城市智慧能源工程应对城市发展面临的能源供应和环境问题，服务碳达峰碳中和战略。该工程有效促进了电力与通信行业、交通业的深度融合，为建设绿色低碳的现代城市提供智慧方案。

6.1.5 全球天然气资源供需资讯系统项目

天然气供需不平衡是困扰我国天然气市场发展的主要矛盾之一，其中上游资源生产与供应相对集中，但中游物流配送和下游用气终端非常分散，液化天然气行业分散且差异化的业态决定了在数据采集方面存在很多困难。当前能源企业的市场战略也已经从"资源为主导"变为"数据为主导"，销售模式正在从传统的广撒网模式向高效的精准营销模式转变。对于用户的服务正在从"千人一面"向"千人千面"个性化定制转变。

在此背景下，中海服信息科技股份有限公司基于北斗卫星技术的应用场景分析，提出了北斗大数据技术在天然气领域应用的总体思路。从数据来源、实施难点、数据清洗、算法模型和数据可视化等维度分析，建成了全球天然气资源供需资讯系统。

全球天然气资源供需资讯系统集成了全球天然气产业链产储供销数据，并对气候、航运、交通、管网、海关等各大数据源进行融合分析。系统全面融合数字孪生理念，完善全球资源市场与物流终端模块，打造行业"智能眼"，对天然气市场产储供销实现实时全景感知。

行业产业链全景信息感知：液化天然气主要通过槽车来运输，槽车作为中间环节，连接了上游出货液厂/接收站与下游液化天然气消费终端。以液化天然气槽车轨迹数据为基础，以人工智能、大数据等新一代信息技术为支撑，可还原车辆的接液、卸液行为，追溯某个上游行政区域的常用运输路线，通过重载/空载结构比例变动带来的运力缺口与资源市场套利空间，根据车辆往返资源供应方与用气终端卸货的频次和用量模拟，推导出整个行业的供应和消费全景信息。

产业链供需预警与保供：通过汇集产业链数据，动态生成全量、全网供需数据。该系统实现了天然气行业的数字孪生与价值挖掘，总揽全国天然气格局。从宏观应用上，结合基础设施数据，系统可以为相关生产及建设部门决策提供参考，提前部署管容、罐容、库容及运力，有效平抑气荒。同时有助于保供工作的稳定开展，预测各地区的液化天然气用量，提出重点关注区域可能出现的问题等。从微观应用上，可帮助下游企业了解区域市场的稳定气源及历史供气价格，帮助上游企业提前预测需求。从场景应用上，可进行上游液化天然气船运情况分析、市场分析与预测分析、实现生产运行分析、槽车物流分析、车辆加注建站选址分析、船舶加注建站选址分析、工程建设项目综合管控等多维度应用场景分析。

该系统通过将北斗大数据、人工智能技术与天然气产业知识图谱结合，使交通与能源的应用场景深度融合。大数据技术使能源网、交通网、通信网深度融合，为用户降本增效、应急保供；为上游以需定产、削峰填谷搭建桥梁。

该系统打造了从厂到端的模式,使各个环节的信息透明化,并引入市场参考价格浮动机制,可降低上游基础设施的产能闲置率,提升供应链的稳定性和供应保障。通过互联网精准感知,溯源控本,可以管理优化用能成本,实现上中下游业务链打通,通过大数据分析和物联感知技术,匹配供需,智能化调度,提升能效。

6.1.6 泰州海陵新能源产业园智慧能源工程

泰州海陵新能源产业园智慧能源工程是港华零碳园区智慧能源生态平台首批项目之一,覆盖当地医疗、工业等多个行业的近万家企业。海陵区政府提出打造"太阳城"目标,以新能源产业园为起点,建设屋顶分布式光伏,结合储能、节能、充换电等应用,依托港华智慧能源生态平台,通过综合能源规划设计服务选择经济适用的综合能源方案,配套数字化服务共同打造智慧新能源产业园(图 6.8)。

图 6.8 泰州海陵新能源产业园智慧能源项目全景图

园区采用统一规划、分期建设的实施方案,设立短期目标、中期目标和长远规划。园区智慧能源项目短期需要实现分布式光伏、清洁供冷热能源站电站、重卡换电、充电桩、工业节能的建设及改造,同时扩大绿色植物种植面积,增加园区固碳能力。预计 2025 年将能源总体消耗中的清洁能源利用比例提高至 65%、新建绿色建筑率达到 100%。园区智慧能源项目中期需要实现分散式风电建设和燃气的高效利用,提升燃气、冷、热、电多种能源的供用效率,降低管网输配损失;长期规划目标是零碳建筑、氢能利用及光伏建筑一体化的建设,依托智慧生态平台实现碳交易、碳管理和碳捕捉技术的应用,至 2050 年区域能源生产与消费数据接入智慧生态平台率达到 100%,能源总体消耗中清洁能源利用比例达到 100%,绿色种植面积达到园区总面积的 20%。

综合能源规划设计服务：科学合理的能源规划对城市低碳发展至关重要，港华依托智慧能源生态平台，借助互联网解决综合能源规划中存在的关键问题，进而推进城市能源规划的发展。港华智慧生态平台中的综合能源规划设计服务能够依据规划区域现有资源条件及规划区域用能需求，自动快速生成综合能源规划方案，指导具体能源项目按最合理的方式建设，直至形成投资规模适度、节能减排效果明显的互联互通区域能源系统。

绿色低碳综合能源供能体系：泰州市属于我国第三类太阳能资源区域，太阳能资源丰富，且规划区内工业厂房较多，可充分利用闲置屋顶，建设分布式光伏，实现绿色电力的就地消纳。在能源供给侧，打破传统单一能源独立供应的壁垒，以高效燃气利用、光伏发电、氢能利用、燃料电池利用等措施，建设绿色低碳综合能源供能体系。充分利用区内外清洁能源，实现区域能源清洁供应和就地消纳，推动区域微能源网自发自用和能量平衡。同时，运用储能装置抑制分布式能源间歇性、波动性，提升电网接纳新能源能力，实现削峰填谷和需求侧管理，降低用能成本。

能源需求侧的新能源技术应用：在能源用户侧，通过将工业园区、商业建筑群、居民社区等具有一定规模、用能特点相近的零散负荷，整合为一个或多个大容量、可调控的负荷聚合体。以负荷聚合体的形式进行需求侧能效管理，并大力发展新能源车辆及附属设施，实现了"源网荷储"弹性互动，提升了能源设施利用率。新能源车辆的发展规模依赖于智能充换电服务网络的建设，该网络通过智能电网、物联网、交通网三网的信息融合，实现对电动车辆用户跨区域、全覆盖的服务，全面支持充电换电路线，满足电动车辆用户的需求，利于发展绿色低碳的交通服务。

能源"互联网+"的多能交互网络：以智慧能源生态平台为支撑，将规划区以天然气管网、热力网、智慧电网为主的能源网，和以物联网、交通网、电力网为主的信息网实现数据的互联互通。通过多能耦合，一方面可实现能源综合开发利用的高效化，另一方面通过将电能转换为热、冷、氢能、新能源车辆储能等实现可再生能源的消纳。通过能源信息融合，利用电力电子、信息通信和互联网等技术的控制与信息的实时共享，实现能源共享和供需匹配，从而实现能源的最优化与智能化利用。

多元化的增值化服务：多元化的增值化服务可为能碳监管部门提供安全可靠的能源数据基础系统，搭建城市能源体系化监管平台。通过平台的监管与分析功能，有助于政府部门对所辖园区及企业安全生产和排放情况的实时了解。通过平台优化功能，可规划能源与碳排放路径，制定有针对性的碳管方案。依托先进的计量、通信、控制及预测等技术，具备对多种分布式能源进行协调优化的能力，使得分布式能源客户能够参与碳交易、绿电交易及电力辅助服务等市场，从而助力电力系统的绿色转型和稳定发展。

泰州海陵新能源产业园智慧能源工程以"双碳"目标相关政策为指导，坚持统筹规划、协调发展，坚持市场主导、政策引导，坚持因地制宜、多元发展的规划原则，按照"清洁低碳、安全高效、智能共享、产业生态"的规划理念，逐步实现能源系统升级、交通系统升级、产业升级，构建能源互联网。通过建设智慧能源生态平台，实现了规划区工业、居民、交通供用能系统的智慧高效运行。

6.1.7　小岗村美丽乡村综合能源工程

小岗村美丽乡村综合能源工程是国家电力投资集团美丽乡村综合智慧能源项目的典型工程。工程依托小岗村现有资源（太阳能、地热、水源、秸秆等），以农村能源革命和数字化发展为驱动力，以生态能源、智慧设施、绿色产业为主要途径，打造生态小岗、智慧小岗、幸福小岗，建设"农业强、农村美、农民富"的美丽乡村新标杆（图6.9）。

图6.9　小岗村俯瞰图

根据小岗村的资源基础和用能现状，以及小岗村对于智慧政务建设、秸秆资源化利用、旅游业升级转型发展的迫切诉求，小岗村美丽乡村综合智慧能源工程规划建设包括光伏发电、地源热泵、秸秆生物质综合利用系统在内的生态能源项目；包含光伏车棚、充电桩、智慧路灯、智慧座椅等在内的智慧设施项目；包括光伏灭虫、光伏水培植物工厂等在内的绿色产业项目。最终通过涵盖政务、农业、教育、医疗、旅游等大数据的"天枢一号"综合智慧能源管控与服务平台实现一体化智能管理，全面建成零碳乡村，实现农作物秸秆综合利用率100%、污水垃圾等无害化处理率100%、清洁用能100%（图6.10）。

社区、友谊大道、景点车站、智慧路灯、智慧座椅

沈浩纪念馆、养老院、村委会地源热泵供冷供热系统

农光互补

水面光伏

"天枢一号"综合智慧能源管控与服务平台

游客中心光伏车棚、充电桩系统

图 6.10　小岗村美丽乡村综合智慧能源工程

6.1.7.1　生态小岗

依托小岗村现有资源（太阳能、地热、水源、秸秆等），按照"环保、低碳、节能、生态"的规划理念，因地制宜，实现多种能源元素一体化智能管理。

第一阶段建设结合光伏农业，同农业、养殖科技企业，建设高质量的农光互补、水面光伏发电系统。为游客中心停车场配套光伏车棚、充电桩，建设清洁、经济的区域新能源绿色交通系统。在村里主要干道如友谊大道（民俗街）、兴民街等处建设光伏路面，丰富旅游元素。同时为大包干纪念馆、沈浩纪念馆、游客中心、小岗村养老中心等公共区域配置地源热泵，供暖供冷，节约能源。最后融合智慧政务功能，搭建"天枢一号"综合智慧能源管控与服务平台。

第二阶段建设包括 2 套生物质气化成套系统、6 套内燃机发电系统、1 套秸秆资源化利用系统。此外，拓展"天枢一号"与区域政务网、社群网、产业网融合，建成涵盖政务、农业、教育、医疗、旅游等大数据的数字乡村系统。

6.1.7.2　智慧小岗

将大数据、云计算物联网等多种智慧元素融入小岗村政务、民生等重点领域中，为小岗村改善民生、产业发展、经济跃进注入智慧科技的力量。通过"天枢一号"综合智慧能源管控与服务平台一体化智能管理，实现能源网与政务网、社群网互融互通，打造数字乡村。

智慧政务通过移动网络，准确掌握小岗村人口信息，APP 直联个人，远程常态化开展各项活动，方便各项政务工作的解决和处理。根据小岗村的农作物种植养殖特点、谷储方式，建立数据模型和流程，通过农业大数据一张图技术，提供各种农业的生产管理、溯源、环境与监测等全方位服务，建设智慧农业。为小岗村与外部优秀院校之间在资源共享、远程教育、优秀经验引入、自有师资力量培养等提供优质师资力量和教学资源，发展智慧教育。搭建小岗村与外部优秀医院之间的交互桥梁，实现远程在线可视化会诊、医疗教学、医护培训等服务，足不出户就可享受智慧医疗服务。实现对小岗村旅游全流程的智能分析一机游，可通过手机 APP 游览小岗村，并结合当地农家乐实现智慧化农业休闲观光场景。

6.1.7.3　幸福小岗

以经济繁荣、生活富裕、环境优美、民主和谐为原则，重点服务小岗村的公共设施、公益机构以及惠民工程用能。实现绿色零碳用能；建设绿色能源文化走廊，增加旅游场景、提升旅游品质；村集体、村民通过土地、屋顶、秸秆等资源参与项目开发，建立增资创收长效机制，为村民提供就业机会，切实提高获得感、幸福感。主要举措有：社区、友谊大道、景点车站智慧路灯、智慧座椅；沈浩纪念馆、养老院、村委会地源热泵供冷供暖系统；农光互补系统；水面光伏系统；"天枢一号"综合智慧能源管控与服务平台；游客中心光伏车棚、充电桩系统等。

小岗村美丽乡村综合智慧能源工程第一阶段项目总装机容量约 11.25 兆瓦，年均发电量 1310.14 万千瓦·时。建成投运后，按火力发电煤耗计算（2018 年，火电厂平均供电标准煤耗 307.6 克 / 千瓦·时，单位火电发电量二氧化碳排放约 841 克 / 千瓦·时），平均每年可节约标准煤约 3612.7 吨 / 年，减排 9877.4 吨 / 年二氧化碳，环境效益十分显著。经调研村内年用电量为 1057 万千瓦·时，通过本工程实施，电能可 100% 由清洁能源替代。同时，工程采用先进可行的节电、节水及节约原材料的措施，能源和资源利用合理，发展节能环保的理念，减少了线路投资，节约了土地资源，并能够适应远景建设规模和地区电网的发展。符合国家的产业政策，符合可持续发展战略，节能、节水、低碳环保。

6.2　国外清洁能源与智慧能源典范工程

目前，全球已有多个国家进行清洁能源与智慧能源相关研究和实践，其中，欧美的能源典范工程开展较早。按照主要应用技术，可将国外清洁能源与智慧能源典范工大致可分为几类：①储能技术应用，如澳大利亚 Hornsdale 储能项目；②碳捕集技术，如挪威 Sleipner 碳捕集项目；③人工智能技术，如荷兰皇家壳牌石油智能化项目；④物联网技术，如德国 C/sells 智能电网工程；⑤综合智慧能源技术，如欧瑞府零碳园区综合能源工程。

6.2.1 澳大利亚 Hornsdale 储能项目

澳大利亚 Hornsdale 储能项目（Hornsdale Power Reserve，HPR）由美国特斯拉公司建设，位于南澳大利亚詹姆斯敦，毗邻 315 兆瓦的 Hornsdale 风电场。它是目前世界上最大的锂离子电池，容量为 100 兆瓦 /129 兆瓦·时。

HPR 项目自运行以来，有效稳定了南澳大利亚州的电力供应，减少了停电事件的发生，预计每年提供 63594 兆瓦·时的清洁能源，足以为南澳大利亚州的 13073 户家庭供电。该工程代表性成果如下。

提供新的"虚拟惯性"服务： 惯性服务对于在电力供需波动时稳定电网至关重要。HPR 的虚拟机模式允许先进的功率逆变器模拟老化的化石燃料发电厂提供的现有惯性服务，这种首创的电池技术正在尝试通过自动快速充电和放电来应对供应波动。

降低现货市场价格： HPR 的运营显著增加了电力市场的竞争，减少了当地能源供应约束的定价影响，增加了市场价格的灵活性。在较高定价时，现货价格对供应水平和市场竞争高度敏感。HPR 在需求低时从电网存储电力，在需求高调度电力，从而减少对昂贵的天然气"调峰工厂"的需求。

提高电网运行的安全稳定性： HPR 保护南澳大利亚州和维多利亚州之间的互联线路免于跳闸，为南澳大利亚州能源网络的系统安全提供了支持。

增加就业和收入： 建设 HPR 项目所需的全部直接和间接劳动力资源为 210 万工时，可转化为南澳大利亚个人和家庭的近 8500 万美元的总收入。运营扩建项目所需的总劳动力资源预计为每年 14 万工时，这意味着每年将有近 560 万美元的总收入分配给南澳大利亚的个人和家庭。

综上，HPR 项目显现出巨大的优势，可以持续消纳南澳大利亚州大量的风能和太阳能资源，为南澳大利亚州 2030 年之前实现 100% 可再生能源发电净零目标提供有力支撑。

6.2.2 挪威 Sleipner 碳捕集项目

碳捕集和封存（CCS）是把二氧化碳搜集起来，封存在地下等不会发生泄漏的地方，以便减少大气中二氧化碳的含量。挪威政府宣布力争在 2030 年建成碳中和国家，其中大力发展 CCS 技术是其重要举措之一。

1996 年，挪威国家石油公司 Statoil 启动了世界第一个大规模 CCS 工程——Sleipner 项目，为二氧化碳海上捕集、高压回注、地质封存及监测提供了极其宝贵的经验，具有重要的参考价值。

Sleipner 油田位于挪威南部的北海海域，其出产的天然气含有较多的二氧化碳，需要将二氧化碳进行分离（图 6.11）。从天然气的二氧化碳含量标准、企业工程成本、碳减排环境要求等各方面角度出发，Statoil 石油公司决定采用 CCS 技术处理分离出的大量二氧化碳。

图 6.11　Sleipner 碳捕集项目现场图

Sleipner 项目的设施主要包括：Sleipner A（加工、钻井和生活区平台）、Sleipner R（用于天然气出口和凝析油出口的立管平台）、Sleipner T（加工和二氧化碳去除平台）、Sleipner B（无人生产平台）。其中最为特殊的 Sleipner T 平台是世界上第一个海上独立的脱碳平台，要求装置重量轻、设计紧凑，而且要运行稳定、便于操作。经过大量的实验和模拟，Sleipner T 平台最终选择以胺吸收法为基础发展起来的 MDEA 吸收法脱去高压天然气中的二氧化碳。MDEA 吸收工艺具有成熟可靠、酸气负荷高等特点，既有化学吸收法净化度高、二氧化碳纯度高、烃收率高等优点，又具备物理吸收法脱碳能力随压力升高而增强、能耗较低等优点。

二氧化碳在 A 平台上经过四级压缩后，注入到附近的 Utsira 砂岩层中。Utsira 砂岩层位于北海海底下方约 1000 米处，不含任何具有商业价值的石油或者天然气，具有较高的孔隙率和渗透性，二氧化碳可迅速迁移到侧面并向上穿过岩石层，将沙砾之间的水排开。

除 Sleipner 油田之外，Sleipner T 还储存邻近油气田的二氧化碳。因为据估计，需要大约 6000 亿吨的二氧化碳才能将 Utsira 砂岩的所有孔隙填满。按当前速度来计算，这相当于人类 20 年间二氧化碳生产量的总和。全球有很多 Utsira 岩层这样的深盐水层，这些岩层可用于减缓向大气中排放二氧化碳和其他温室气体的速度，甚至逆转这一趋势。

迄今为止，已用地震监测、重力监测以及其他多种专业监测等方法对 Sleipner

项目的二氧化碳储存状态进行监测，结果均表明封存状态良好，无泄漏痕迹。

挪威 Sleipner 碳捕集项目是二氧化碳地质封存的首例成功商业典范，证明大规模二氧化碳完全可以长期安全地存贮在深盐水层之中且无泄漏现象，这对推进 CCS 技术、减缓温室气体排放、实现碳中性目标发挥了重要作用。

6.2.3　荷兰皇家壳牌石油智能化项目

将人工智能技术应用于石油行业能够显著提高效率和效益，应用范围涵盖勘探开发、开采设备设计、钻井采油直至公司运营等各个环节。神经网络、基因优化到模糊逻辑等人工智能技术的应用已迅速贯穿油气勘探、钻井、开发、生产管理的全生命周期。壳牌石油智能化项目是相关技术集成与应用的典型代表之一，其石油智能化普及主要体现在以下四个方面（图 6.12）。

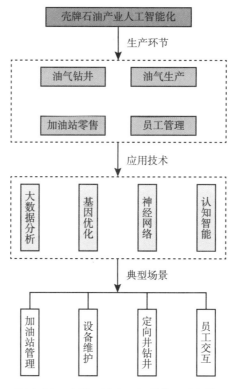

图 6.12　壳牌石油人工智能化项目架构

加油站管理人工智能化：位于泰国和新加坡的两座加油站通过应用人工智能技术可以识别是否有人吸烟。加油站配备的摄像头与物联网系统相连接，捕捉到吸烟画面后将数据传至云服务器，通过人工智能算法识别出吸烟行为，系统将向管理人员发出警报。此外，该技术正推广应用于识别其他危险事件，如盗窃、不恰当加油操作、驾驶失误、员工是否佩戴安全设备等。

设备维护人工智能化：将人工智能应用于油气设备维护，可在早期发现设备隐患和缺陷，主动采取干预措施，大幅减少非计划性停机。壳牌已在煤层气生产设备中配备了此类智能设备，能够在 2448 小时预测到压缩机出现的损坏风险。这项举措可以提高油气生产效率，并降低设备维修成本。

定向井钻井人工智能化：定向井钻井技术是当今世界石油勘探开发领域最先进的钻井技术之一，它是由特殊井下工具、测量仪器和工艺技术有效控制井眼轨迹，使钻头沿着特定方向钻达地下预定目标的钻井工艺技术。壳牌通过与微软合作，在定向钻井方面实现了人工智能化，推动了钻井技术的进一步发展。定向井钻井技术的核心是"旋转导向"，旋转导向在施工过程中，需要高技能的专业人员做大量的决策。为了简化这一烦琐流程，壳牌和微软研发出了钻井仿真器 Shell Geodesic，能够实时收集钻井数据并自动作出决策。此外，该钻井仿真器可通过机器学习和控制算法软件，呈现给地质学家和钻井人员更为逼真的油气层图像。同时，微软将其 Bonsai 平台和强化学习技术相互融合，使该平台可将指令翻译成算法，建立神经网络，并训练模型实施工作人员所期望的行为。这一技术实现了旋转导向系统自动学习，优化钻井导向过程。

员工交互人工智能化：壳牌与微软合作，应用人工智能工具 Stream、Share-Point 和 Yammer，实现不同员工、不同部门之间更高效的数字化、智能化交流。Stream 是企业视频服务工具，员工可用其进行经验分享、项目分析等；这些视频放置于门户站点 SharePoint 上；企业级社交网络 Yammer 能够使员工之间实现高效沟通，也能够让管理人员及时了解员工动向。

此外，壳牌还推出了在线人工智能虚拟助理 Emma 和 Ethan，可以利用人工智能自然语言交互技术，对客户的咨询作出快速回答，其知识库涉及 3000 种产品、超过 10 万张数据表。

6.2.4　德国 C/sells 智能电网工程

C/sells 是德国首个跨区域的、可投入使用的智能电网，该工程由 50 个不同行业的合作伙伴共同参与，分别来自运营商、制造商、能源服务、科研机构以及电网调度等领域。

C/sells 智能电网工程以实现能源安全、经济、环境兼容和可持续发展为目标，并协调平衡高比例的可再生能源供应。工程建立了一个由众多较小的电力生产者（如某个地区、城区或居民家庭住宅）构成的电力系统，通过物联网技术和数字化基础设施使电力生产者相互连接，构成灵活的蜂窝能量系统，实现在自身生产电力富余或匮乏情况下的自动互联和互相补给。

数字化基础设施：通过数字化基础设施（发电、配电、储能等）实现分散结构的可再生能源的均衡供应，保障电力系统稳定性。数字化基础设施将分散元素整合到现有集中的系统结构中，根据共同的规则将其组织成一个自我调节和自我优化的蜂窝式系统。基于物联网技术的系统集成在终端能源的基础设施上，实现了各个细胞单元相互和与电网运营商之间的信息传输。数字化基础设施一方面提高了电网运营商在各细胞单元中的电网服务灵活性，解决了电网拥堵问题；另一方面促进了区域化中央市场的单元内和单元之间进行产品或能源服务交易，维持了各细胞系统的能量平衡。通过应用物联网技术和数字化技术来加强电网运营商对系统的总体控制以及电网运营商之间的密切和有效协调，维护供应安全和能源系统的整体稳定。

蜂窝能量系统：该工程建设的蜂窝式能量系统提高了系统供能的灵活性，并通过应用物联网技术，保障了区域互连系统的运行稳定性。蜂窝能量系统由七个部分构建而成：①项目管理部分负责项目合作伙伴的合作；②环境设计部分具备综合评估功能，科学监测项目进展情况，形成整个项目中各行为者之间的活动联系；③基础设施信息系统部分用于集成现有或计划的系统组件，构建块和结构的定义；④智能电网构建部分开发出了所有网络上的各方（协调级联）之间的接口；⑤市场研究部分负责检查各方在电力市场上的参与情况，其中特别包括个体的经济运行；⑥智能电网单元演示部分会在初步工作实施中测试智能电网的适用性；⑦市场化实现部分是项目管理中关键，对网络和终端用户进行蜂窝方法的适用性测试。

C/sells 智能电网工程为德国全面推出智能电网奠定基础，一方面通过将能源网络整体划分为众多的细胞结构，实现了分布式能源、生产者与消费者之间的良性互动，有效化解了电网日益复杂化的问题。另一方面利用数字化基础设施将不同基础元素连接起来，保证信息和能源的安全流动互通，并通过电、热等多能互补实现细胞结构内的局部优化。此外，灵活的蜂窝组网方式实现了能量互济和综合优化，提升整体运行效率。

6.2.5 欧瑞府零碳园区综合能源工程

能源转型，是实现气候保护目标以及可持续和资源节约型能源产业的核心策略。位于柏林的欧瑞府零碳科技园就是这个领域中非常好的榜样（图 6.13）。柏林欧瑞府零碳科技园位于柏林市区西南方位，占地 5.5 公顷，有 150 家创新型企业，近 3500 人入驻。欧瑞府零碳智慧园区作为欧洲的首个零碳智慧园区，以能源转型赋能零碳智慧园区建设，实现了从百年前的煤气厂向零碳智慧园区转变。

图 6.13　欧瑞府零碳园区全景图

　　欧瑞府零碳园区已经超前实现了德国联邦政府制定的 2050 年气候保护目标——二氧化碳减排 80%。达成该目标主要依靠两方面关键技术：一是通过智能化的能源管理系统在楼宇、交通和能源供应之间建立联系，实现对园区内不同设施设备集中控制，以高能效、零碳排为主要优化控制目标；二是园区 80%~95%的能源均来自可再生能源，同时配置了电储能系统，通过热电联供设备实现冷、热、电多能供给。其代表性成果如下。

　　以智能化能源管理系统满足供暖用电等各类应用场景：欧瑞府零碳智慧园区通过施耐德电气与合作伙伴联合设计的零碳方案，完成了向零碳的转变。如园区内的水塔咖啡馆，配备了智能化的能源管理系统，利用小型热电联供能源中心完成供暖、制冷和供电，由勃兰登堡州农业垃圾制成的沼气，通过天然气管网输送到园区能源中心，每年可燃烧发电 2 兆瓦·时，足以满足 1300 户家庭用电需求。发电余热则能将水加热至 90℃，通过 2.5 千米的供热管线满足园区取暖需求。

　　最大比例使用可再生能源，蓄力构建绿色低碳安全高效的能源体系：绿色能源方面，欧瑞府零碳智慧园区可再生能源比例极高，打造了可再生能源供电示范项目。园区中心的电动车充电站，通过在顶棚上覆盖光伏板，产生了清洁电力，再改造成集分布式供能、本地用能、能源存储于一体的智能电网系统，为园区 170 余个电动车充电桩提供能源。同时，高达 1.9 兆瓦·时的电池储能系统，由奥迪公司回收的二手汽车电池组成，实现了资源可持续利用。欧瑞府零碳园区的绿色能源充电中心将风机和光伏发出的电能，通过智能控制系统提供给用户或者通过电池存储起来。欧瑞府零碳园区不断改进电动车的充电设施，采用先进的可移动式充电电表。该电表不需通过充电桩固定。不仅可节省土地资源，还降低了充电站建设成本。

创新利用藻类生物反应器，助力智能园区环境转变： 欧瑞府零碳智慧园区内部建筑外壁通过悬挂大片的藻类生物反应器，借用光合作用，每年可生产藻类 200 千克，每千克藻类可吸收 2 千克二氧化碳，并清除有害的二氧化氮等废气。净化空气的同时，藻类还可被提取加工成绿色粉末，作为营养添加剂用于化妆品和食品工业。

通过基于清洁能源、人工智能的技术实践，欧瑞府零碳园区稳达德国与欧盟的 2050 年气候目标，从技术和经济层面均验证了可行性，已成为德国能源转型的创意灵感的象征。可为不同国家、不同行业的，同样关注该领域的参与者（政治、经济、工业、学术），根据其各自的情况，提供丰富且有价值的参考案例，为全世界零碳智慧园区打造了标杆。

6.3 本章小结

自清洁智慧能源的概念提出以来，在国内外相关领域已有较多技术积累，并开展清洁智慧能源典范工程建设。相关技术理论研究及示范工程的建设，首先有助于进一步推进能源生产和消费革命，构建清洁低碳、安全高效的能源体系；其次，有利于构建市场导向的绿色技术创新体系、壮大清洁智慧生产产业与能源产业；同时，有利于更好地推进资源全面节约和循环利用，减少温室气体排放，降低能耗、物耗以及废物产生，实现生产系统和生活系统循环链接，进而推动生态文明建设不断向纵深发展。

国内外众多国家采取了一系列政策措施推进清洁智慧能源发展，并取得了显著成效。各类典范工程全面展开，经验模式和路径创新各具特色。本章挑选了国内外具有代表性的清洁智慧能源典范工程，详细介绍了不同典范工程的现状、主要架构、特色技术、典型应用场景等方面的情况和进展。各个清洁智慧能源典范工程的成功实践表明清洁智慧能源是解决未来世界能源问题的有效途径，但其也是一个长期、复杂、艰巨且不断更新的系统性工程。因此需不断创新技术与业态，加强国内外先进工程经验交流，注重与地区特点的结合，推动更高水平、更高层次、更先进的清洁智慧能源典范工程实施与落地。

参考文献

［1］高明杰，惠东，高宗和. 国家风光储输示范工程介绍及其典型运行模式分析［J］. 电力系统自动化，2013，37（1）：59-64.

［2］钱莉，李明轩. 园区综合能源服务相关利益方评价分析研究［J］. 电力需求侧管理，2020，22（3）：91-95.

［3］李思维，李树泉. 一种以电能为中心的绿色复合型能源网设计［J］. 中国电力，2015，48（11）：117-122.

［4］李建林，武亦文，王楠. 吉瓦级电化学储能电站研究综述及展望［J］. 电力系统自动化，2021，45（19）：2-14.

［5］国网能源研究院. 德国能源互联网发展现状及经验启示［EB/OL］. https://shoudian.bjx.com.cn/html/20200506/1068791.shtml，2020-05-06.

［6］戴红，孙文龙. 零碳智慧园区2022白皮书［EB/OL］. www.cesi.cn/images/editor/20220125/20220125131226680001.pdf.

［7］欧瑞府能源科技园［EB/OL］. https://euref.de/wp-content/uploads/Euref_CHINES_2019_27Mai2019_Ansicht.pdf.

［8］康重庆，陈启鑫，高峰，等. 国家能源互联网发展年度报告2021［R］. 北京：清华大学能源互联网研究院，2020.

第7章　发展展望

能源系统的目标是实现经济最优、维持安全可靠、达到低碳清洁。"双碳"背景下，既要大力发展清洁能源，也要应用智慧能源进行数字化赋能，以实现资源优化配置、保障电力供应安全、促进能源清洁低碳转型。

7.1　清洁能源发展展望

7.1.1　清洁能源发展面临的挑战

电力系统尚不适应高比例新能源发展。新能源发电具有间歇性、波动性特点，用电负荷具有尖峰化特点。当前的电力系统适合传统化石能源发电，传统电网发展模式难以满足未来大规模新能源的输送和互济，以及高渗透率分布式电源和新型负荷广泛接入的需求。

电力市场体系建设尚不健全。在新一轮电力体制改革下，我国电力市场建设稳步有序推进，但还存在体系不完整、功能不完善、交易规则不统一、跨省跨区交易存在市场壁垒等问题。

存在"卡脖子"技术。新能源技术领域原创技术积累不足，存在"卡脖子"问题；部分材料、关键零部件和设备仍依赖进口；目前使用的多款主流工业设计软件以及风电专用核心设计软件基本都来自国外企业。

锂、钴、镍等资源保障存在风险。新型储能的发展使国内对锂、钴、镍等资源的需求快速增加。部分资源国内存在自给率不足的问题，对国外进口依赖度较大，存在一定的资源保障风险。一些资源虽然国内开发潜力大，但受开发条件和技术限制，目前开发程度较低。

与国土空间融合机制还不成熟。目前，我国尚未形成全社会共同参与的可再生能源普及化、市场化、大规模、高比例开发利用的国土空间治理体系。现有国土空间规划没有为新能源大规模开发预留足够空间，土地利用政策没有充分考虑新能源的生态修复、土地综合利用，复合用地政策和标准不明确。土地使用不合理费用偏高，加重新能源开发的不合理非技术成本。

7.1.2 清洁能源国内发展展望

7.1.2.1 战略目标与政策基础

"碳中和"指在规定时期内人为二氧化碳移除与人为二氧化碳排放相抵消，实现二氧化碳的净零排放。2020年9月，习近平总书记在联合国大会上宣布，中国的二氧化碳排放力争于2030年前达到峰值，努力争取在2060年前实现碳中和。

我国逐步构建了能源转型的发展战略与政策体系：2014年提出，中国将把推动能源生产和消费革命作为长期战略；2015年首次提出，建设清洁低碳、安全高效的现代能源体系；2017年党的"十九大"报告重申，要推进能源生产和消费革命，构建清洁低碳、安全高效的能源体系。2021年10月，《中共中央 国务院关于完整准确全面贯彻新发展理念做好碳达峰碳中和工作的意见》发布，作为"双碳"工作的纲领性文件；与后续发布的《国务院关于印发2030年前碳达峰行动方案的通知》等一系列支撑保障措施，将构建起实现碳达峰碳中和的"1+N"政策体系，将碳达峰碳中和纳入经济社会的发展全局（表7.1）。

表7.1 中国能源转型与清洁能源发展主要相关战略目标

时间	内容
2025年	单位国内生产总值能耗比2020年下降13.5%；单位国内生产总值二氧化碳排放比2020年下降18%；非化石能源消费比重达到20%左右。实现新型储能从商业化初期向规模化发展转变，装机规模达3000万千瓦以上。森林覆盖率达到24.1%，森林蓄积量达到180亿立方米。地级及以上城市空气质量优良天数比例达到85%。能源综合生产能力大于46亿吨标准煤；严控煤炭消费增长。新增水电装机容量4000万千瓦左右。
2030年	单位国内生产总值能耗大幅下降，重点耗能行业能源利用效率达到国际先进水平；单位国内生产总值二氧化碳排放比2005年下降65%以上；非化石能源消费比重达到25%左右，风电、太阳能发电总装机容量达到12亿千瓦以上；抽水蓄能电站装机容量达到1.2亿千瓦左右，省级电网基本具备5%以上的尖峰负荷响应能力；实现新型储能全面市场化发展。 新型储能核心技术装备自主可控，技术创新和产业水平稳居全球前列；实现大规模氢的制取、存储、运输、应用一体化；实现燃料电池和氢能的大规模推广应用。森林覆盖率达到25%左右，森林蓄积量达到190亿立方米；二氧化碳排放量达到峰值并实现稳中有降。 重点领域低碳发展模式基本形成，重点耗能行业能源利用效率达到国际先进水平；煤炭消费逐步减少，绿色低碳技术取得关键突破。新建通道可再生能源电量比例原则上不低于50%。新增水电装机容量4000万千瓦左右，西南地区以水电为主的可再生能源体系基本建立。
2035年	广泛形成绿色生产生活方式，碳排放达峰后稳中有降，生态环境根本好转，美丽中国建设目标基本实现。

续表

时间	内容
2050 年	实现氢能和燃料电池的普及应用，实现氢能制取利用新探索的突破性进展。革命性碳捕集技术得到产业化应用，二氧化碳减排成本较 2015 年降低 60% 以上，经济安全的二氧化碳捕集和封存技术发展成熟；全流量的 CCUS 系统在电力、煤炭、化工、矿物加工等系统实现覆盖性、常规性应用。生物航空燃料技术支撑商业化应用，形成多元化生物质原料可持续供应保障体系，低值生物质生物炼制和绿色多联产技术形成国际竞争力。
2060 年	绿色低碳循环发展的经济体系和清洁低碳安全高效的能源体系全面建立，能源利用效率达到国际先进水平，非化石能源消费比重达到 80% 以上，碳中和目标顺利实现。

注：根据《中共中央国务院关于完整准确全面贯彻新发展理念做好碳达峰碳中和工作的意见》《国务院关于印发 2030 年前碳达峰行动方案的通知》《中华人民共和国国民经济和社会发展第十四个五年规划和 2035 年远景目标纲要》《能源技术革命创新行动计划（2016—2030 年）》等政策整理。

7.1.2.2 发展趋势

我国要实现"双碳"目标下的能源转型，必须依赖清洁能源技术的大规模发展。未来清洁能源发展趋势将呈现如下特点（图 7.1 ~ 图 7.3）。

能源消费将进行深度的电气化和清洁转型。电气化水平提升与电力系统去碳化，将共同促进可再生能源加速替代化石燃料。随着电气化水平提高，全社会总用电量将持续增长。碳中和情景下，2060 年全社会总用电量达到 2020 年的两倍，电气化水平达到 74%。在工业部门，通过逐步淘汰炼钢高炉，增加废钢回收，电弧炉应用在炼钢领域将逐步占据主导地位。在供热部门，可再生能源、氢能和生物质能供热将加大取代化石能源供热，并将提升使用热泵、工业余热等清洁的区域供热技术。在运输部门，电动汽车应用将继续加速。

可再生能源成为主体能源，光伏与风电持续实现跨越式发展。可再生能源

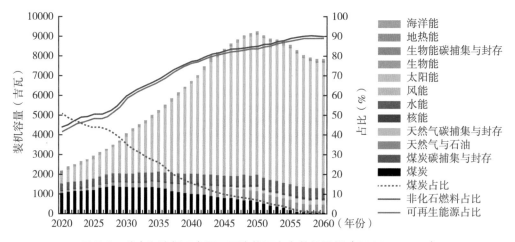

图 7.1　碳中和路径下中国可再生能源电力装机展望（2020—2060）
资料来源：国家发展和改革委员会能源研究所《中国能源转型展望 2022》。

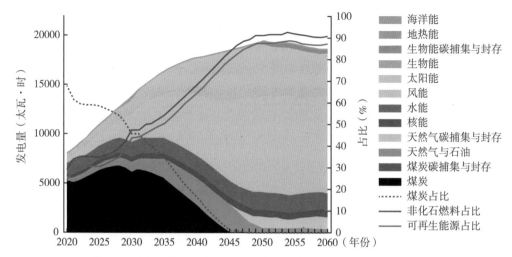

图 7.2 碳中和情景下中国可再生能源发电量展望（2020—2060）

资料来源：国家发展和改革委员会能源研究所《中国能源转型展望 2022》。

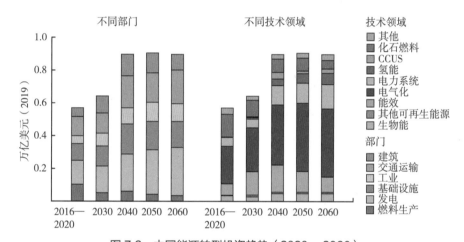

图 7.3 中国能源转型投资趋势（2020—2060）

资料来源：国际能源署《中国能源体系碳中和路线图（2021）》。

发展将得益于技术成本优势以及电力市场、碳价格信号等相关政策支持，预计 2025—2030 年，风电和光伏成本将持续降低。可再生能源将取代大部分现有化石能源发电，风电和光伏将成为电力供应结构的主体。预计 2060 年，中国可再生能源的装机容量和发电量占比均将超过 80%。煤电装机占比将大幅降低，煤电定位将发生根本性改变，从现在的基荷能源向调节型能源转变。土地充足、可再生能源资源丰富的华北和西北地区将推动建设大型风电光伏基地，华东和南方等地区将更多发展海上风电能力，中东部地区分布式可再生能源具有倍增潜力。

电力系统灵活性技术实现突破式发展。近中期来看，煤电和抽水蓄能仍是中国最重要的灵活性资源。2035 年煤电将基本完成灵活性改造，抽水蓄能容量充分开发。此后，随着可再生能源比重加速提高，可调度煤电规模降低，中国对非化石灵活性资源的需求将迅速增加。长期来看，储能和需求侧响应将主要用于提供短期灵活性，而配备碳捕集、利用与封存技术的化石能源电力和氢能则更多用于季节性平衡，电动汽车智能充电和车网互动也具有巨大发展潜力。到 2050 年，电动汽车将形成较为完整的灵活性服务体系，电化学储能发展也将进入快车道。

长期来看，实现能源系统全面深度减排需要转向创新技术部署，特别是氢能与碳捕集、利用与封存技术。氢能是高比例可再生能源电力系统下长时储能、长距离交通、化工和钢铁等工业部门实现碳中和路径为数不多的选择之一。在碳中和路径下，由可再生能源生产的绿色氢能将发挥重要作用。碳中和路径下，2060 年前绿色氢能和氢基燃料总计减排量可达 160 亿吨二氧化碳，帮助重工业实现深度脱碳。氢气和氢相关燃料对中国能源转型的贡献将在 2021—2060 年逐步增大，2030 年以后尤为显著。

7.1.3　清洁能源国际发展展望

科学证据显示，应对气候危机迫切需要全球能源系统进行深度转型。2010—2020 年，全球清洁能源实现了快速增长，全球可再生能源发电量增长超过四倍，光伏发电装机年均增速达 33%，风电装机年均增速达 15%。

与此同时，技术进步不断塑造着能源转型的方向，使清洁能源发展不仅必要，而且可行。随着可再生能源技术成本大幅下降，新增电力装机部门已经相对于化石能源电力具备经济竞争力。全球净零排放路径下，清洁能源技术的成本仍有大幅下降空间（表 7.2），同时，随着终端用能部门的电气化水平不断提高，可再生能源有潜力为终端用能提供丰富的选择和可能性。

表 7.2　全球 2050 年净零排放路径下主要国家清洁电力技术成本变化趋势（2020—2050）

		投资成本（美元 /kW）			平准化电力成本（美元 /MW·h）		
		2020 年	2030 年	2050 年	2020 年	2030 年	2050 年
中国	核电	2800	2800	2500	65	65	60
	光伏发电	750	400	280	40	25	15
	陆上风电	1220	1120	1040	45	40	40
	海上风电	2840	1560	1000	95	45	30
美国	核电	5000	4800	4500	105	110	110
	光伏发电	1140	620	420	50	30	20
	陆上风电	1540	1420	1320	35	35	30
	海上风电	4040	2080	1480	115	60	40

续表

		投资成本（美元/kW）			平准化电力成本（美元/MW·h）		
		2020 年	2030 年	2050 年	2020 年	2030 年	2050 年
欧盟	核电	6600	5100	4500	150	120	115
	光伏发电	790	460	340	55	35	25
	陆上风电	1540	1420	1300	55	45	40
	海上风电	3600	2020	1420	75	40	25
印度	核电	2800	2800	2800	75	75	75
	光伏发电	580	310	220	35	20	15
	陆上风电	1040	980	940	50	45	40
	海上风电	2980	1680	1180	130	70	45

资料来源：国际能源署《2050 年净零排放：全球能源领域路线图（2021）》。

近年来全球各国积极制定净零排放战略，已有超过 130 个国家宣布了碳中和目标。研究显示，以电气化和能源效率为主要驱动力，配合可再生能源、储能、绿氢和可持续的现代生物能源等清洁能源大规模应用，才能共同推动实现全球 2050 年净零排放路径。

电力行业将实现快速去碳化。研究显示，全球 2050 年净零排放路径下，需要在 2030 年之前将可再生能源的比重提高三倍，风光装机增速需达到 2020 年水平的四倍，这相当于未来十年每天要新增一个目前世界最大的太阳能光伏园。2050 年全球可再生能源发电量比重将增加到 88%，同时需要停止对所有化石能源项目的新增投资。2030 年，全球可再生能源发电规模将达到目前的四倍；到 2050 年，可再生能源发电装机容量进一步增长至 28000 吉瓦。与此同时，受全球退煤政策潮流及天然气和可再生能源竞争力增强影响，煤电的需求将实现永久性、结构性下降（图 7.4）。

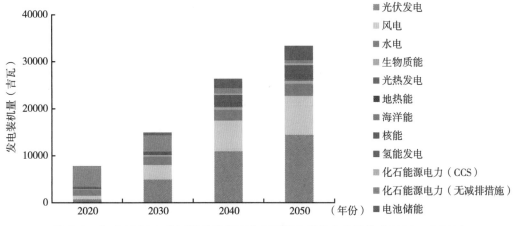

图 7.4　全球 2050 年净零排放路径下分品种发电装机变化趋势（2020—2050）
资料来源：国际能源署《2050 年净零排放：全球能源领域路线图（2021）》。

太阳能将成为主流电源。受益于技术日益成熟和支持政策，全球主要市场的可再生能源项目融资成本已具备经济性。连续十年的成本下降后，目前光伏已正式进入平价时代，成本不仅平稳低于新建火电，部分光伏项目成本已打破电力成本新低的历史纪录。在碳中和目标下，太阳能和核电需要扮演更重要的角色，预计 2050 年全球光伏发电装机将从 2020 年的 760 吉瓦增长到 14000 吉瓦，2030 年 80% 的全球新增电力需求均将来自可再生能源。

高比例清洁能源发展对电力系统灵活性和电网可靠性提出更高要求。电力系统中储能的作用越来越关键，印度预计成为电网级电池储能的最大市场。同时，电网升级需求迫切，预计未来十年全球新增输配线路的需求将比过去十年增长 80%。

储能、电动汽车、氢能技术大规模发展。工业部门的深度电气化意味着全球电力需求将在 2020—2050 年翻番。随着电动汽车的使用范围扩大，2030 年全球电动车充电桩数量将增长约 40 倍，动力电池年产量从目前的 160 吉瓦·时预计跃升至 6600 吉瓦·时，相当于未来十年每年新增近 20 个超级电池工厂。氢能将成为终端部门减排的重要解决方案，2050 年全球制氢电解槽容量将从 2020 年的不足 1 吉瓦增长到 5000 吉瓦，氢能在全球总能耗中将占近 18%，交通、工业、建筑和氢能发电将成为氢能应用快速发展的主要行业。未来还需大规模部署负碳技术，以实现净零排放的目标。2050 年，二氧化碳捕获量将从目前的 0.04 总吨位增加到 7.6 总吨位，主要是为了抵消工业部门的能源相关排放和工艺排放。

清洁能源发展也将带来社会效益，包括促进投资、增加就业、提升公众健康等。随着全球经济从新冠疫情的影响中恢复，清洁能源和能源基础设施领域投资将实现空前增长，带来巨大经济效益，创造数百万个就业机会，使 2030 年全球 GDP 比基于当前趋势的测算值高出 4%。可再生能源的发展也在改变着能源部门的性别平衡，全球 2050 净零排放路径下，2030 年全球因空气污染而过早死亡的人数预计比今天减少 200 万。实现 2030 年能源普遍可及，也将大幅提高发展中经济体的民生和生产力水平，支撑联合国可持续发展目标的达成。

7.2 智慧能源发展展望

清洁能源的大规模消纳与可持续发展需要智慧能源技术的支持和赋能。随着能源基础设施与"云大物智移"等数字技术的加速融合，未来的智慧能源将展现出与现有能源体系截然不同的崭新面貌，智慧能源系统将成为能源革命取得实质进展的重要标志。智慧能源的发展包括相关技术的研究开发及对应的业态模式创新应用，两方面的深度融合将共同带动智慧能源产业在"双碳"目标下发挥更大作用。

7.2.1 智慧能源发展面临的挑战

目前，智慧能源发展处于起步阶段，技术体系和标准体系尚未确定，以能源技术、互联网技术和物联网技术为核心的交叉融合技术亟需创新和突破，同时也需要构建健康生态的体制机制与商业模式。具体面临的问题如下。

通信系统技术的成熟程度参差不齐。 智慧能源的协调运行与市场交易，以各能量单元的实时运行与状态数据为基础，原有能源信息采集与通信技术已不能满足智慧能源体系实时监控、即时通信、开放共享的信息交互需求，能源信息采集与通信技术有待提升。

信息物理融合技术尚不成熟。 现阶段，电力、天然气、热力等网络的数据采集与通信设施不完善，多能源之间的通信互联与信息共享存在很大难度，尚未形成多能源信息融合、多网络信息融合、多主体信息融合的信息物理融合技术体系。

能源大数据面临数据复杂性和技术复杂性的挑战。 智慧能源体系的大数据管理将是众多功能中最耗时和最艰巨的任务之一。一方面，智慧能源中大数据间内在的复杂性对数据的表达、感知、理解和计算都提出了挑战。另一方面，智慧能源中大数据多源异构、规模巨大且快速多变，这使得传统的机器学习、数据挖掘和信息检索等计算方法都不能支持智慧能源的大数据处理、分析和计算。

智能设备数量和性能不足。 智慧能源的发展对新型智能传感器、计算器、微处理器、嵌入式技术等提出更高的要求，不仅要实现全面布置，更要真正实现一次设备与二次设备的融合、机械设备和电子设备的一体化，并保证智能设备在恶劣环境下（强电磁、高低温、振动等）能够可靠运行。

数据获取存在瓶颈。 各种智慧能源监控平台不仅应具备实施监控功能，而且有优化引擎和辅助决策等功能。但由于数据壁垒的存在，数据的价值得不到充分发挥，基于数据要素的功能模块并不能成功应用于实践。"落地难"的主要原因就是数据无法打通，这里的数据包括能源部门内部的数据，也包括能源部门与其他部门之间的数据。没有数据的打通就没有更好地系统优化，也无法支撑更出色的业务。

信息安全难题待解。 智慧能源具有全面感知、全面智能、全面互联、全面协同的特点，导致其网络接入环境更加复杂多样，用户与各种智慧能源的交互需求也日益频繁，恶意攻击者可以合法用户的身份轻松获取便捷的攻击路径，可更加容易地对能源系统发起攻击。依托现代信息化技术的智慧能源将面临互联系统风险、智能终端风险和无线安全等信息安全风险。

系统灵活控制难度显著增强。 随着越来越多的电力电子元件接入，系统设备基础由传统交流设备向电力电子化转变，电力电子设备并网存在谐波、谐振与振荡风险，频率分布于更宽的频带范围，与火电机组次同步振荡等问题交织，给电网无功和谐波控制带来困难。分布式新能源、微电网、电动汽车大规模接入，系统运行特征由潮流从电网到用户的单向流动模式向双向互动转变，系统控制的复杂性大幅增加。

在此基础上的智慧能源领域新模式新业态创新也面临诸多挑战，如：缺乏整体发展规划和具体支持政策；不同能源领域之间由于体制机制障碍，难以发挥综合效益；能源市场机制尚不完善，缺乏价格信号的引导和激励；能源信息融合应用和能源大数据等方面探索不足；缺乏复合型专业型跨界人才等。

7.2.2 智慧能源新技术发展趋势

《"十四五"现代能源体系规划》明确指出了加快了能源产业数字化智能化升级的方向，《"十四五"能源领域科技创新规划》也将智慧能源列为重点任务之一。此外《能源技术革命创新行动计划（2016—2030年）》《智能光伏产业创新发展行动计划（2021—2025年）》《"十四五"新型储能发展实施方案》等国家重要文件都对智慧能源的发展提出了相应的要求。

总体来看，从当前到2030年，智慧能源的技术攻关、示范试验将集中在基础共性技术、行业智能升级、智慧能源系统集成三个层面共16个重点研究方向（图7.5）。

7.2.2.1 基础共性技术

智能传感与智能量测技术：开展能源领域专用的传感材料研究，突破核心器件设计与制备技术，掌握特种传感器集成封装和高可靠性技术，开展传感器关键量值校验与可靠性评价技术研究，确保关键参量的准确可靠；提出低功耗传感网络通信协议；健全关键量测设备运行与质量评价技术，建立安全可信的能源信息采集与互动平台，提升能源量测数据综合分析应用水平。

特种智能机器人技术：研究面向能源厂站建设、巡检、检测、清理等领域工程应用的机器人运动控制、极限环境下机器人本体适应、复杂作业空间高精度定位、复合自动化检测等机器人控制技术，开发智能路径规划、复杂机动反馈控制等机器人交互技术，为能源厂站的智能运维提供技术支撑和保障。

能源装备数字孪生技术：针对发电装备、油气田工艺设备、输送管道、柔性输变电等能源关键设备，开展三维精细化建模、数理与机理结合的自适应建模、状态参数云图重构、多物理场信息集成等关键技术研究，构建包括设备状态人工智能预测、性能与安全风险智能诊断、人机交互虚拟仿真预测的数字孪生系统。

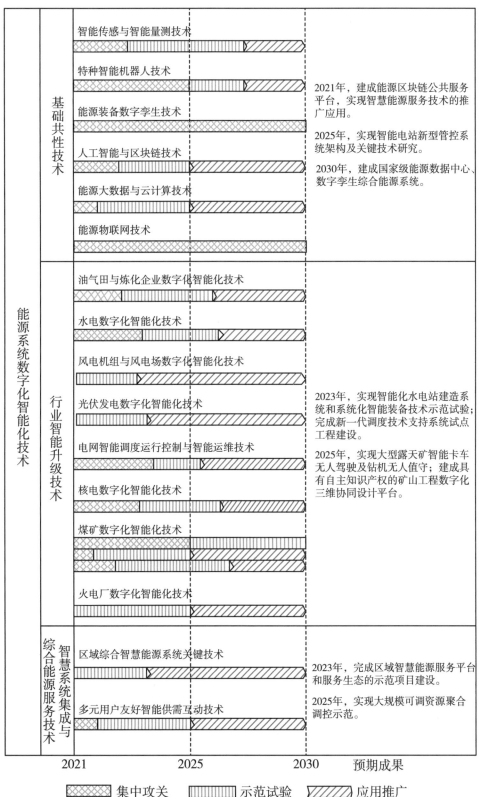

图 7.5　智慧能源关键技术发展阶段及规划

人工智能与区块链技术：开展图像识别、知识图谱、自然语言处理、混合增强智能、群智优化、深度强化学习等人工智能基础技术与能源领域的融合发展研究；开展跨域多链融合与基于区块链的数据管理技术研究，构建具备自治管理能力的能源电力区块链平台，研究适用于能源交易、设备溯源、作业管理、安全风险管控等业务的共识机制，开展区块链在分布式能源交易、可再生能源消纳、能源金融、需求侧响应、安全生产、电力调度、电力市场等场景的应用示范。

能源大数据与云计算技术：建立能源大数据模型，支撑构建海量并发、实时共享、开放服务的能源大数据中心，开展能源数据资源的集成和安全共享技术研究，深化应用推广新能源云，全面接入煤、油、气、电等能源数据，打造新型能源数字经济平台。开展适用于能源不同领域的云容器引擎、云编排等技术研究，构建异构云平台组件兼容适配平台和多云管理平台，支撑能源跨异构云平台、跨数据中心、多站融合、云边协同等环境下的应用开发和多云管理。

能源物联网技术：开展适应能源领域标准的物联网通信协议技术、能源物联终端协议自适应转换技术、能源物联网信息模型技术、能源物联网端到端连接管理技术研究，形成云边协同的全域物联网架构，开发适用于能源物联网的新型器件、新型终端与边缘物理代理装置，开发物联网多源数据采集融合共享系统及大数据分析应用，建设能源物联网及终端安全防护技术装备体系，建立具备接入和管理各种物联网设备及规约的物联网管理支撑平台。

7.2.2.2 行业智能升级技术

油气田与炼化企业数字化智能化技术：研发油气勘探开发一体化智能云网平台、地上地下一体化智能生产管控平台、油气田地面绿色工艺与智能建设优化平台等关键技术系列及配套装置，开展新一代数字化油田示范和低成本绿色安全的地面工艺关键技术示范，实现科研、设计、生产、经营与决策一体化、智能化和绿色化。搭建炼化企业资源全流程价值链优化平台以及基于泛在感知、生产操作监控、运营决策与执行的生产智能运营平台，开展基于工业互联网平台的智能炼厂工业应用示范。

水电数字化智能化技术：开展大坝智能化建造、地下长大隧洞群智能化建造、TBM智能掘进、全过程智能化质量管控等成套技术集成研发与应用；构建流域梯级水电站智能化调度平台；开发智能水电站大坝安全管理平台，实现智能评判决策及在线监控，推动水电站大坝及库区智能监测、巡查与诊断评估、健康管理及远程运维；完善"监测、评估、预警、反馈、总结提升"的流域水电综合管理信息化支撑技术，形成智能化规划设计、智能建造、智慧运行管控和智能化流域综合管理等成套关键技术与设备。

风电机组与风电场数字化智能化技术：掌握叶片自动化生产工艺技术，推动风电产业链数字化、网络化、标准化、智能化，构建上下游协同研发制造体系；开展风电场数字化选址及功率预测、关键设备状态智能监测与故障诊断、大数据智能分析与信息智能管理等关键技术研究，打造信息高效处理、应用便捷灵活的智慧风电场控制运维体系。

光伏发电数字化智能化技术：加强多晶硅等基础材料生产、光伏电池及部件智能化制造技术研究，构建光伏智能生产制造体系；开展太阳能资源多尺度精细化评估与仿真、光伏发电与电力系统间暂稳态特性和仿真等关键技术研究，构建光伏电站智能化选址与智能化设计体系；开展光伏电站虚拟电站、电站级智能安防等关键技术研究，推动光伏电站智能化运行与维护；开展大型光伏系统数字孪生和智慧运维技术、多时空尺度的光伏发电功率预测技术示范，推动智能光伏产业创新升级和行业特色应用。

电网智能调度运行控制与智能运维技术：开展大电网运行全景全息感知与智能决策、电网故障高效协同处置、现货市场支撑、新能源预测与控制、源网荷储协同的低碳调度、基于调控云的调度管理等技术攻关，研发新一代调度技术支持系统；开发基于卫星及设备 GIS 的多源信息电网灾害监测预警、"空－天－地"一体化监测、输电线路及设施无人机一键巡检、电网"灾害预警－主动干预－灾情感知－应急指挥"一体化智能应急、面向电力行业的电力装备检测、基于物联网的高效精益化运维以及单相接地故障准确研判等关键技术与装备，实现设备故障智能研判和不停电作业。

核电数字化智能化技术：构建核电研发、设计、制造、建造、运维、退役全周期业务领域的数字化智能化标准体系及平台体系，建立全生命周期大数据系统和核电厂三维数值模型，实现全过程状态结合、技术要素关联和技术状态贯通；开展反应堆堆芯数值模拟和预测、三维数字化协同设计与智慧工地、机组运行状态智能监控与分析、在役去污、典型设备运行状态全面感知预测与智能诊断、预防性维修、全寿期健康管理以及老化和寿命评估等关键技术研究，支撑构建人机物全面智联、少人干预／少人值守的智能核电厂。

煤矿数字化智能化技术：开发煤矿工程数字化三维协同设计平台，支撑煤矿智能化设计；重点突破精准地质探测、井下精确定位与数据高效连续传输、智能快速掘进、复杂条件智能综采、连续化辅助运输、露天开采无人化连续作业、重大危险源智能感知与预警、煤矿机器人等技术与装备，建立煤矿智能化技术规范与标准体系，实现煤矿开拓、采掘（剥）、运输、通风、洗选、安全保障、经营管理等过程的智能化运行。针对我国不同矿区煤层赋存条件，开展大型露天煤矿智能化高效开采、矿山物联网等工程示范应用，分类、分级推进一批智能化示范煤矿建设，促进煤炭产业转型升级。

火电厂数字化智能化技术：强化火电厂数字化三维协同设计、智能施工管控、数字化移交等技术应用；突破火电厂数字孪生体的系统架构、建模和开发技术；综合应用先进控制策略、大数据、云计算、物联网、人工智能、5G通信等技术，从智能监测、控制优化、智能运维、智能安防、智能运营等多方面进行突破与示范，建设具备快速灵活、少人值守、无人巡检、按需检修、智能决策等特征的智能示范电厂，全面提升火电厂规划设计、制造建造、运行管理、检修维护、经营决策等全产业链智能化水平。

7.2.2.3 智慧系统集成与综合能源服务技术

区域综合智慧能源系统关键技术：研究区域综合智慧能源系统规划技术；开展复杂场景多能源转换耦合机理、多能源互补综合梯级利用集成与智能优化、智慧能源系统数字孪生、智慧城市高品质供电提升等技术研究，攻克智能化、网络化、模组化的多能转换关键设备；研究综合智慧能源系统能效诊断与碳流分析技术，支撑建立面向多种应用和服务场景的区域智慧能源服务平台，实现电、热、冷、水、气、储、氢等多能流优化运行及智慧运维，全面提升能源综合利用率；开展典型场景下综合智慧能源系统集成示范，推动形成各类主体深度参与、高效协同、共建共治共享的智慧能源服务生态。

多元用户友好智能供需互动技术：开展多元用户行为辨识与可调节潜力分析、广泛接入与边缘智能控制、灵活资源深度耦合与实时调节、即插即用直流供用电、数字孪生支撑源网荷储协同互动等技术，研制基于5G和边缘计算的可调负荷互动响应终端，研发融合互联网技术的可调负荷互动系统，建立多元可调负荷与智能电网良性互动机制，开展电动汽车有序充放电控制、集群优化及安全防护技术研究，开展分布式光伏、可调可控负荷互动技术研究，开展省级大规模可调资源聚合调控、台区用能优化示范验证，促进清洁能源消纳和削峰填谷。

7.2.3 智慧能源新业态发展趋势

智慧能源将能源价值链每个环节与互联网相结合，产生多种商业模式。第一，通过市场化激发所有参与方的活力，形成能源营销电商化、交易金融化、投资市场化、融资网络化等创新商业模式，建设能源共享经济和能源自由交易，促进能源消费生态体系建设，凸显能源商品属性。第二，通过互联网方式将能源系统基础设施抽象成虚拟资源，突破地域分布限制，有效整合各种形态和特性的能源基础设施,提升能源资源利用率。第三,通过计算能力赋予能量信息属性,使能量变成像计算资源、宽带资源和存储资源等信息通信领域的资源一样进行灵活的管理与调控,实现未来个性化定制化的能力运营服务等多种智慧能源价值增长。具体地,智慧能源新业态将在规划调度、有序管控、数字赋能、跨界创新等方面体现更加明显的发展趋势。

7.2.3.1 规划调度

数字化技术驱动能源系统优化从局部走向全局。能源系统逐渐跳出了传统物理驱动模型,系统优化潜力越来越明显。例如,传统数据中心为了追求高性能和可靠性,通常采用冗余设计的运行策略,致使数据中心的能耗成本或达到运行成本的50%以上。基于人工智能技术的智慧能源技术,将使数据中心"上游供电""中游算力""下游负荷"联动的全局优化成为可能。

智慧能源的调度从粗略到精细、从静态到动态。数据化驱动技术使能源系统的功率预测、负荷预测和智能规划逐渐深化,系统优化由天、小时的稳态尺度,迈入分钟、秒甚至毫秒的暂态尺度;能源系统内部的设备性能模型也更加精细,以实现参数的动态精准刻画。如此,供能设备和资源之间的动态关系以及匹配特性将最大限度地被挖掘,释放能源系统的节能降耗空间。例如,智慧供热中的"一站一优化曲线"通过综合考虑室外温度、太阳辐射以及建筑物对供热负荷的影响,折算出一个综合环境温度,优化温度调节曲线;热力首站根据这个综合环境温度进行分时调节,热力二网换热站根据曲线进行实时调节,以实现智慧供热的按需供热、精准调节。

7.2.3.2 有序管控

需求侧用能从无序转向有序。智慧能源系统通过优化能源系统的架构及能流分布,有序管控电动汽车、分布式光伏等可控资源,赋能供给侧能源调节。例如,大规模电动汽车接入电网后对电网影响的定量评估及以减少负面影响为目标的充电控制策略研究,已日益成为人们关注的热点问题,而有序充电的概念随之产生。从电网角度讲,指在满足电动汽车充电需求的前提下,运用实际有效地经济或技术措施引导、控制电动汽车进行充电,对电网负荷曲线进行削峰填谷,使负荷曲线方差较小,减少了发电装机容量建设,保证了电动汽车与电网的协调互动发展。

需求侧管理激发智慧能源从实体转向虚拟。利用存量能源载体的热惯性或者可调节负荷,也可以实现与同等实体设备投入等价的效果,这正是智慧能源数字化改造创新的业态之一。可调节负荷是指能够根据电价、激励或者交易信息,实现启停、调整运行状态或调整运行时段的需求侧用电设备、电源设备及储能设备。虚拟储能和虚拟电厂，就是两个明显的智慧能源从实体到虚拟的体现，可以参与电网调峰调频、促进清洁能源消纳、促进客户能效提升等。再如基于大数据技术的云储能，可以盘活泛在的存量实体储能和等效虚拟储能资源，是一种基于已建成的现有电网的共享式储能技术，使用户可以随时、随地、按需使用由集中式或分布式的储能设施构成的共享储能资源，并按照使用需求而支付服务费。

7.2.3.3 数字赋能

能源数字化平台催生能源网络平台效益。能源数字化平台本质上是智慧能源平台生态中形成的新型基础设施，利用大数据、区块链、人工智能等数字技术为能源供给、消费注入数字化新动能，显著提升能源生产、消费、交易的效率效益，重新塑造未来经济活动形态。不同于以往的单一要素推动，在智慧能源思维下，数据要素对现代能源产业体系的推动作用，更体现为依托能源网络平台发挥的规模经济效益和溢出效益。能源数字化平台将创造虚实互动的平行能源世界，传统的生产关系、生产角色会发生变化。传统的能源网络在融合了传感设备、感应装置的基础上，通过利用人工智能、云计算、复杂程序、区块链等工具库开展移动应用、数据整合、预测算法、集成运算等功能，建设各能源用户端的学习、思维、交流能力及其之间相互连接的网络。

数字能源产品激发能源经济价值释放。能源数字化的新价值在于数据驱动的价值，不仅体现在对能源产业链供应链的服务，还能够提高产业协同互动能力，对国家"双碳"目标实现与治理现代化都具有重要促进作用。数字能源产品，本质上是由算法、算力、数据、知识构成的一种新型能源数字产品品类，用数据"轻资产"破解能源电力"重资产"传输转换中的时空损耗，为能源产业分工体系涌现新的价值发现机制与产业组织形态提供可能性。其中，典型的"能源电力大数据"具有价值密度高、分秒级实时准确、全方位真实可靠和全生态独占性链接的特点，基于新型电力系统的能源电力大数据，将有利于创新性提出低碳数字产品。

7.2.3.4 跨界创新

智慧能源跨界思维催生多能互补与综合利用。智慧能源的提出和发展借鉴了互联网思维，跨界思维在智慧能源中也发挥了破除能源系统各项壁垒的重要作用。例如，从智能电网到智慧能源，在能量流层面发生了实质性的变化，即从智能电网的纯电流拓展为智慧能源的电、热、冷、气耦合的多能流，形成综合能源系统，实现智慧化的协同优化。传统能源也是由冷、热、电等独立主体能源公司以及管网公司分割实现用户能源的供应，能源之间存在很大的交互协同优化空间。随着风、光等间歇式可再生能源的快速发展，需要通过挖掘气、热、冷系统中的慢动态特性蕴含的灵活性促进可再生能源消纳。

智慧能源跨界创新实现单一资源的多功能加载。智慧能源将打破能源领域的利益壁垒，从单一产品服务转变为多种能源产品服务，甚至从传统能源向"智慧能源＋智慧城市"转变。智慧能源将传统不同行业单一的用能设备集成在一起，方便供能、节约占地、集中管控，并能提供能源大数据增值服务。例如，智慧路灯集公共照明、视频监控、环境监测、微基站、充电桩等功能模块于一体，实现"一杆多用"；"四网融合"是用一根线路光纤复合低压电缆，承载互联网、广播电视网、电信网和电网业务需求，实现智慧城市"最后一公里"的宽带网络接入。

7.2.4 智慧能源发展政策建议

7.2.4.1 优化产业生态，保障智慧能源高质量有序开展

智慧能源是多种能源的协同，应统筹考虑归口管理问题。综合考虑能源规划和市政规划，以能源网、信息网和交通网"三网"融合发展为依托，以智慧能源为基础建设智慧城市。现行能源管理体制下，国家及地方的能源系统分属不同部门，导致企业开展智慧能源业务时，对项目中的供电、供热、供气、供水等各类业务往往需要分头报批，协调成本巨大，无法发挥能源综合效益。

一是深化智慧能源的体制机制改革。积极探索智慧能源技术优化到实践落地所需的体制机制，切实加大旨在落实放管服、新电改、电力现货市场等能源市场机制的改革力度。加强地方政府在智慧能源试点示范建设审核审批、机制设计和运维管理方面的作用，培育智慧能源理念优化到实践落地的健康生态。

二是做好智慧能源一体化顶层规划。因地制宜，精准把握资源禀赋、负荷特征，落实产业规划及体制机制，分场景扎实做好区域、城市、园区、楼宇以及各类创新元素的智慧能源试点示范，有效规避负荷侧、资源侧、技术路线、商业模式以及商法上的不确定性风险及问题，夯实规划、设计、建设和运营的一体化协同体系，做好智慧能源试点示范的顶层设计和总体规划。

三是倡导大众参与的智慧能源生态。积极探索、精确梳理多元化、泛在化智慧能源应用场景及商业模式，创新智慧能源"产、学、研、用、政、金"的共建共赢体系。鼓励和倡导"源、网、荷、储"各类能源主体广泛参与和差异化竞争，进一步激发智慧能源建设的大众参与活力，共筑智慧能源有序、高质量创新创业沃土。

四是加强企业之间的开放合作，培养专业跨界人才。智慧能源的发展需要领军型、复合型和专业型人才，要求从业人员具有跨专业、多领域、全环节的专业

知识和服务能力。目前缺少相应的职业资格分类，现有电气、热力、市政等单一领域从业人员不能准确全面掌握用户的能源需求。相关高等院校、科研院所、企事业单位需要关注和开展智慧能源需要的复合型人才的培养。

7.2.4.2 瞄准典型场景，创新智慧能源定制化增值服务

智慧能源的运营创新需要一个能够与消费者充分互动、存在竞争的能源消费市场环境，使其提供差异化的能源产品的质量与服务，赢得市场竞争。同时需要构建新的价格机制，实现针对不同的客户需求提供能源套餐，为客户提供更切合实际需求的能源服务。

一是优化智慧能源综合服务的营商环境。强化综合能源服务在智慧能源的落地实践，创新多元化、差异化、定制化的综合能源服务应用场景、关键技术、商业模式及增值服务，并举增量能源基础设施重资产投资与存量能源系统轻资产服务，优化智慧能源业务的营商环境。

二是加快标准体系建设，创建高标准的示范项目。智慧能源为新兴产业，相关的技术标准、服务标准、管理标准等规范体系尚未建立，行业准入门槛不高，企业规模、技术水平参差不齐，呈现出小而散的市场格局。传统能源电力企业仍停留在重资产、垄断型业务的发展思路上，在智慧能源项目的投资决策、后期运营上尚未建立合适的评估标准。已开展的项目多是分布式能源、设备节能改造等技术要求相对较低、模式相对成熟的单体式服务项目，缺乏对多技术路线、多业态融合的探索。

三是创新能源与信息融合应用新模式。深入贯彻落实信息流改造能量流的建设理念，契合数字新基建，积极打造数据中心、5G基站、电动汽车、光电建筑等智慧能源落地应用创新解决方案，加快集中供热、区域制冷、园区用能和需求侧资源调度等能源供给与消费的电气化、数字化、智慧化，深挖需求侧能源及资源响应潜力，优化能源物理资源加载的数字化手段及能源供应模式。

四是创新智慧能源大数据增值服务。从政策机制、战略规划、顶层设计、解决方案、技术工具、试点示范等方面，研究智慧能源及综合智慧能源数据的价值应用体系、价值驱动模型、价值挖掘方式。探索能源数据共享服务机制、数据资产管理方式、数据价值创新模式，激发为各级政府、能源企业以及居民用户提供能源大数据的增值服务新业态。

7.3 本章小结

能源绿色低碳转型是实现中国"双碳"目标的关键，也是实现巴黎协定下控

制全球升温幅度在"2℃之下、力争1.5℃"目标的核心支撑。能源转型必须要依赖清洁能源技术的大规模发展。"双碳"目标下，深度电气化与能效提升将驱动能源消费转型，随着光伏与风电持续跨越式发展，可再生能源成为主体能源，对电力系统灵活性技术突破式发展提出需求。进一步的能源系统深度减排需要部署大规模的清洁能源创新技术，特别是储能、绿氢、CCUS和可持续现代生物质能。清洁能源的大规模消纳需要智慧能源技术的支撑和赋能。智慧能源将从基础共性技术、行业智能升级、智慧能源系统集成三个层面启动技术攻关与示范试验。通过"云、大、物、移、智、链"等数字化技术驱动传统能源系统向新型的能源信息物理融合系统发展，催生智慧系统集成、虚拟电厂、综合能源服务、能源共享经济等多样化的智慧能源交易与服务新业态，实现能源系统全局智能优化。

实现上述图景，需要攻克当前阻碍清洁能源与智慧能源发展的一系列挑战。清洁能源的发展还面临着卡脖子技术、上游原材料资源保障风险、与国土空间融合机制不健全、适应高比例新能源消纳的新型电力系统未建立、电力市场体系尚不健全等问题。能源系统的智慧转型也亟待创新突破通信系统技术与信息物理融合技术的成熟程度、能源大数据技术的复杂性、智能设备的数量和性能、信息安全等难题，并需要构建健康的能源市场生态，创造与探索新的商业模式。

参考文献

[1] 中国长期低碳发展战略与转型路径研究课题组，清华大学气候变化与可持续发展研究院. 读懂碳中和——中国2020—2050年低碳发展行动路线图[M]. 北京：中信出版社，2021.

[2] 周孝信，曾嵘，高峰. 能源互联网的发展现状与展望[J]. 中国科学：信息科学，2017，47（2）：149–170.

[3] 王永真. 能源互联网下综合能源服务的新特征、新挑战[J]. 能源，2020（6）：64–66.

[4] 王毅，张宁，康重庆. 能源互联网中能量枢纽的优化规划与运行研究综述及展望[J]. 中国电机工程学报，2015，35（22）：5669–5681.

[5] 孙宏斌，郭庆来，潘昭光. 能源互联网：理念、架构与前沿展望[J]. 电力系统自动化，2015，39（19）：1–8.